# 装配整体式建筑
## 技术指导

陈 坤 郑 委 刘国政 主编

U0340008

哈尔滨工程大学出版社
Harbin Engineering University Press

## 内容简介

装配整体式建筑技术指导是以绿色发展为理念,以信息化和现代化管理为手段,以新型建筑工业化为核心,以建筑业转型升级为目标,以技术创新为支柱,以建筑生产的全过程联结为一个完整的产业系统,形成建筑、结构、机电、装修一体化,设计、生产、施工一体化,技术与管理一体化,实现传统生产方式向现代工业化生产方式的转变,使建筑产业在科学技术与经济管理上达到先进水平。当前发展装配整体式建筑应注重技术创新和管理创新,本书为建筑产业现代化发展提供有效的依据。

**图书在版编目(CIP)数据**

装配整体式建筑技术指导 / 陈坤,郑委,刘国政主编. — 哈尔滨:哈尔滨工程大学出版社,2021.8
ISBN 978-7-5661-3227-7

Ⅰ. ①装… Ⅱ. ①陈… ②郑… ③刘… Ⅲ. ①装配式混凝土结构 – 建筑施工 Ⅳ. ①TU37

中国版本图书馆 CIP 数据核字(2021)第 169022 号

装配整体式建筑技术指导
ZHUANGPEI ZHENGTISHI JIANZHU JISHU ZHIDAO

责任编辑　张　彦
封面设计　天　一

出版发行　哈尔滨工程大学出版社
社　　址　哈尔滨市南岗区南通大街 145 号
邮政编码　150001
发行电话　0451-82519328
传　　真　0451-82519699
经　　销　新华书店
印　　刷　河南省环发印务有限公司
开　　本　787 mm × 1 092 mm　1/16
印　　张　19.5
字　　数　337 千字
版　　次　2021 年 8 月第 1 版
印　　次　2021 年 8 月第 1 次印刷
定　　价　128.00 元
http://www.hrbeupress.com
E-mail:heupress@ hrbeu.edu.cn

# 编写人员及单位

主　　编：陈　坤　郑　委　刘国政

副 主 编：高清渊　史怀香　郑　强　李海涛　张　博

参　　编：（排名不分先后）

　　　　　　杨志恒　杨宗豪　王基东　李金玲　黄　杰

　　　　　　尤永斗　王冬雪　胡立源　徐攀嵩　仝正莉

　　　　　　仝战杰　乔喜来　张光辉　宁相营　候红娥

　　　　　　赵亚非　白俊丽　魏晓惠　段艳鹤　刘子先

　　　　　　白　山　王琳琳　荆　天　薛　莹　王开发

　　　　　　薛　丹　张林飞　杨建业　杜煜宇　赵运生

　　　　　　酒建军　陈浩杰　陈瑞杰

主　　审：郝树华　吴小红　邢慧娟

主要参编单位：河南聚誉帆工程技术咨询有限公司

　　　　　　　　河南省住房和城乡建设厅

　　　　　　　　河南省建设工程质量监督总站

　　　　　　　　郑州市工程质量监督站

　　　　　　　　上蔡县建筑工程质量监督站

　　　　　　　　河南地矿职业学院

# 序

　　随着国家经济发展转型升级,市场化战略步伐的加速,中国改革开放多年来,各行各业发生了很大变化。我国建筑业是一个劳动密集型、建造方式相对落后的传统产业,依赖农民工的"粗放"式经营管理方式造成技术职业教育严重滞后,现场操作工人的技能和素质普遍低下,不能适应建筑产业现代化发展的需要。随着建筑产业现代化的推进,建筑工业化的程度和水平不断提升,繁重的体力劳动将逐步减少,复杂的技能型操作工序将大幅度增加,对操作工人的技能也提出了更高的要求。

　　要实现建筑产业现代化必须重视基础教育,培养高素质的技术人才,要加强技术职业教育和技能培训,加快培养装配整体式建筑设计、生产、施工和管理等环节的从业技术人员,在高等学校及职业院校增加装配整体式建筑的教学内容,设置相关专业;在专业技术人员继续教育和职业资格考试中明确装配整体式建筑的相关要求,设立装配整体式建筑技术有关的职业工种,鼓励企业培育装配整体式建筑的专业化设计和自有技术工人队伍,促进有一定专业技能的农民工向高素质的新型产业工人转变。

　　什么是建筑产业化? 它是指用工业化生产的方式来建造住宅,以提高住宅生产的劳动生产率,提高住宅的整体质量,降低成本、物耗、能耗,是机械化程度不高和粗放式生产方式升级换代的必然要求。建筑产业化是建筑领域的新模式,也是城市建筑发展的必然趋势,跟随建筑市场的发展和节能减排环境的前进步伐,建筑产业现代化已成为建筑业转型的主要方向之一。建筑产业化方式一般节材率在23%以上,施工节水率达到65%以上,减少建筑垃圾80%以上。因此,建筑产业现代化可以提高施工效率,能缓解建筑业劳动力紧缺的问题,促进建筑产业现代化不仅是生态文明建设的需要,也是建设"两型"(资源节约型、环境保护型)社会、实现经济转型发展的需要。

　　建筑产业现代化以建筑为最终产品,以绿色发展为理念,以信息化和现代化管理为手段,以新型建筑工业化为核心,以建筑业转型升级为目标,以技术创新为支柱,建筑生产的全过程联结为一个完整的产业系统,形成建筑、结构、机电、装修一体化,设计、生产、施工一体化,技术与管理一体化,实现传统生产方式向现代工业化生产方式的转变,使建筑产业在科学技术与经济管理上达到先进水平。当前发展装配整体式建筑应注重技术创新和管理创新。

装配整体式建筑是生产方式的重大变革。对现行的传统发展模式带来冲击,整个行业也产生一系列的变化,是建筑行业的转变性改革。产业转型,人才先行,我们要加快建筑产业现代化人才的培养步伐。人才培养的基础和关键是教材资源,我国的装配整体式建筑从设计到施工都比较滞后,参考资料也比较缺乏,阻碍了我国建筑产业现代化领域的人才培养工作。我国推出的建筑产业现代化教材为建筑产业现代化发展提供有效的依据。

装配整体式建筑是对传统建造方式的基本变革。在理念上弥补了工程质量缺陷和质量通病,与传统施工方法相比,装配整体式建筑可以缩短建造工期,减轻设计荷载,全面提升工程质量,在节能、节水、节材等方面效果显著,可以大幅度减少建筑垃圾和施工垃圾,装配整体式建筑的部分材料也可以采用建筑垃圾循环利用,更有利于保护环境。装配整体式建筑以标准化设计、工厂化生产、装配化施工、整体化装修、信息化管理、智能化应用为主体,随着装配整体式建筑技术体系的发展,社会化和规模化标准要求越来越高,技术难度和工程复杂程度也越来越大,在装配整体式建筑施工过程中,任何一项新的技术、材料、工艺、设备、部件,其科学性、先进性、适用性都要以标准为依托,有效搭建设计、生产、施工、管理之间技术协同的桥梁。

各地和有关单位研究编制了大量的标准,初步建立了我国装配整体式建筑的标准体系。标准化工作中仍然存在一些突出问题,一是标准数量多,标准要求比较分散。国家、行业、地方等相关标准协调性差,使标准应用起来不系统、不方便,给执行标准造成了困难。二是标准实施不到位。在实际施工中发现的很多问题,或多或少都反映出对标准化工作实践不足。本书内容理论联系实际,有助于读者加深认识并开创我国建筑产业现代化技术和管理人才培养的新局面。

# 前　言

　　本书面向建筑产业现代化技术人员的技术培训,遵循从整体到部分、从主干到分支的原则,介绍和总结了装配整体式混凝土建筑从设计到施工、管理等方面的全过程和特点。

　　装配整体式混凝土建筑是基于普通现浇建筑产生的新的建筑形式,因预制、安装、装配率的变化带来了施工组织管理的相应调整,故在讲解时宜将装配式与现浇模式进行对比,比如在施工现场耗费大量的劳动力,消耗大量的模板和脚手架采用大量的现场湿作业,精度差、质量难以控制,产生大量的建筑垃圾,容易诱发许多环境问题。

　　目前国家大力倡导装配整体式建筑。通过标准化设计、工厂化制造、装配化施工、一体化装修和信息化管理的全过程,全面提升建筑工程质量,提高劳动生产效率,实现资源节约和环境保护的目标。装配式混凝土结构,既减少了大量现场施工湿作业,又保证了结构的整体性能。它是混凝土结构由现场湿作业建造向现代化工厂制造转化的优选方式,符合国家倡导的建筑产业化发展方向。

　　本书内容涵盖了建筑的新技术和新方法,给读者一个装配整体式建筑全面系统的知识介绍。本书是参考河南聚誉帆工程技术咨询有限公司的专利内容编制。本书计划 50 学时,可作为应用型本科和高等职业教育学生的教材,也可供建筑相关专业培训和装配式建筑的各专业技术人员自学参考。

　　本书的第一章装配式建筑发展史、第二章基本知识、第三章预制混凝土结构设计由郑州市工程质量监督站郑委组织编写,第四章装配整体式混凝土结构、第五章装配整体式混凝土结构施工技术由上蔡县建筑工程质量监督站刘国政组织编写,第六章预制构件类型和制作、第七章施工组织管理、第八章安全生产管理由河南聚誉帆工程技术咨询有限公司陈坤组织编写,第九章技术资料与工程验收由河南省建设工程质量监督总站邢慧娟、高清渊编写。

　　由于作者的水平有限,书中的错误和疏漏在所难免,敬请读者谅解。

# 目 录

# 第一章

# 装配式建筑发展史

装配整体式混凝土结构是国内外建筑工业化最重要的生产方式之一,具有提高建筑质量、缩短工期、节约能源、减少消耗、清洁生产等诸多优点。目前,我国的建筑体系也借鉴国外经验和采用装配整体式等方式。装配整体式混凝土结构,是由预制混凝土构件通过可靠的方式进行连接并与现场后浇混凝土、水泥灌浆料形成整体的装配式混凝土结构。

我国新型装配整体式建筑尚处在起步阶段,各个环节之间还在相互磨合协调,存在着诸多的认识误区。针对装配式混凝土结构技术而言,目前大多追求主体结构的预制为主,忽略了内装、外装方面的集成,设计的环节更多先按现浇结构设计,然后拆分预制构件,忽略了标准化设计的思路,很少有兼顾考虑生产、施工一体化设计思路也是因为标准化设计思路的缺乏,生产的环节大多是将现场的湿作业搬到工厂进行,构件模数化、标准化水平低,很难实现大批量的流水线生产。施工的环节缺乏适应于装配式建造的管理机制,更多地追求速度而忽略了工艺的重要性,技术工人的培养效果较差等因素均会对装配整体式建筑的健康发展产生不利影响,可能造成结构的安全。装配式混凝土结构的设计采用了基于等同现浇或基本等同现浇的方法,具体的实施过程与现浇混凝土结构并不相同。设计和施工单位对此基本概念理解不深,在工作中仍然完全套用现浇混凝土结构的做法,这便产生了诸多新的问题,因此结合装配式混凝土结构的特点,研究探寻其与现浇混凝土结构的差异,通过标准或是其他技术文件为装配整体式建筑建造提供技术支撑。

# 第一节　国外装配整体式建筑的发展历史

## 一、装配整体式建筑在国外的发展历史

预制混凝土技术起源于英国。1875 年英国人 Lascell 提出了在结构承重骨架上安装预制混凝土墙板的新型建筑方案。1891 年法国巴黎 Ed. Coigent 公司首次在

Biarritz 的俱乐部建筑中使用预制混凝土梁，这是世界上第一个预制混凝土构件（以下简称预制构件）。20 世纪 20 年代初，英、法、苏联等国家首先对装配整体式建筑做了尝试。第二次世界大战结束后，预制混凝土结构首先在西欧发展起来，然后推广到世界各国。

发达国家的装配式混凝土建筑经过几十年甚至上百年的时间，已经发展到了相对成熟、完善的阶段。第二次世界大战后，由于欧洲大陆的建筑遭受重创，劳动力资源短缺，为了加快住宅的建设速度，欧洲各国在住宅建设领域发展了装配式混凝土建筑。至 20 世纪 60 年代，装配式混凝土建筑得到大量推广，60 年代中期装配式混凝土住宅的比重占 18% 至 26%，随着住宅问题的逐步解决而下降。在东欧及苏联等国直到 20 世纪 80 年代还在上升，如德国 1975 年占 68%，1978 年上升到 80%；波兰 1962 年占 19%，1980 年上升到 80%；苏联 1959 年占 1.5%，1971 年占 37.8%，1980 年上升到 55%。法国的大板建筑技术上比较成熟，在非地震区可以建造 25 层的建筑，在地震区也能建造 10 至 12 层的建筑。

根据实际选择不同的道路和方式。美国的装配整体式建筑起源于 20 世纪 30 年代。20 世纪 70 年代，美国国会通过了《国家工业化住宅建造及安全法案》（National Manufactured Housing Construction and Safety Act），美国城市发展部出台了一系列严格的行业规范标准，一直沿用到今天。1991 年美国 PCI（预制预应力混凝土协会）年会上提出将装配式混凝土建筑的发展作为美国建筑业发展的契机，由此带来装配式混凝土建筑在美国二十年来长足的发展。混凝土结构建筑中，装配式混凝土建筑的比例占到了 35% 左右，约有三十家专门生产单元式建筑的公司。在美国同一地点，相比用传统方式建造的房屋，只需花不到 50% 的费用就可以购买一栋装配式混凝土住宅。美国城市住宅以"钢结构 + 预制外墙挂板"的高层结构体系为主，在小城镇多以轻钢结构、木结构低层住宅体系为主。

法国、德国住宅以预制混凝土体系为主，钢、木结构体系为辅。多采用构件预制与混凝土现浇相结合的建造方式，注重保温节能特性。高层主要采用混凝土装配式框架结构体系，预制装配率达到 80%。

日本装配整体式建筑的研究是从 1955 年日本住宅公团成立时开始，以住宅公团为中心展开的。住宅公团的任务就是执行战后复兴基本国策，解决城市化过程中中低层收入人群的居住问题。20 世纪 60 年代中期，日本装配式混凝土住宅有了长足发展,预制混凝土构配件生产形成独立行业,住宅部品化供应发展很快。1973年,日本建立装配式混凝土住宅准入制度,标志着作为体系建筑的装配式混凝土住宅起步。1990年,日本推出了采用部件化、工业化生产方式,追求中高层住宅的配件化生产体系。2002年,日本发布了《现浇等同型钢筋混凝土预制结构设计指针及解说》。日本普通住宅以"轻钢结构和木结构别墅"为主,城市住宅以"材钢结构或预制混凝土框架+预制外墙挂板"框架体系为主。

瑞典是世界上住宅装配化应用最广泛的国家,新建住宅中通用部件占到了80%。丹麦发展住宅通用体系化的方向是产品目录设计,它是世界上第一个将模数法制化的国家。新加坡自20世纪90年代初开始尝试采用预制装配式住宅,预制化率很高。其中新加坡最著名的达士岭组屋,共50层,总高度为145 m,整栋建筑的预制装配率达到94%。

装配整体式混凝土住宅的发展大概经历三个阶段:第一阶段是装配整体式混凝土建筑形成的初期阶段,重点建立装配式混凝土建筑生产(建造)体系。第二阶段是装配整体式混凝土建筑的发展期,逐步提高产品(住宅)的质量和性价比。第三阶段是装配式混凝土建筑发展的成熟期,进一步降低住宅的物耗和环境负荷,发展资源循环型住宅。

## 二、装配整体式建筑在国内的发展

国内装配式混凝土结构的应用起源于20世纪50年代。借鉴苏联的经验,在全国建筑生产企业推行标准化、工厂化和机械化,发展预制构件和装配整体式建筑。较为典型的建筑体系有装配式单层工业厂房建筑体系、装配式多层框架建筑体系、装配式大板住宅建筑体系等。从20世纪60年代初到80年代中期,预制构件生产经历了研究、快速发展、使用、发展停滞等阶段,20世纪70年代以后,我国政府提倡建筑要实现三化——工厂化、装配化、标准化。在这个时期,预制混凝土在我国发展迅速,在建筑领域被普遍采用,为我国建造几十平方米的工业和民用建筑。

到20世纪70年代末80年代初,我国基本建立了以标准预制构件为基础的应用技术体系,包括以空心板等为基础的砖混住宅、大板住宅、装配式框架及单层工业厂房等技术体系。从20世纪80年代中期以后,我国预制混凝土建筑因成本控制过低、整体性差、防水性能差,最终使装配式结构的比例迅速降低。据统计,我国装配式大板建筑的竣工面积从1983—1991年逐年下降,20世纪80年代中期以后我国装配式大板厂相继倒闭,1992年以后就很少采用了。究其原因,主要有以下方面。

(1)受设计概念的限制,结构体系追求全预制,尽量减少现场的湿作业量,造成在建筑高度、建筑形式、建筑功能等方面有较大的局限。

(2)受到当时的经济条件制约,建筑机具设备和运输工具落后,运输道路狭窄,无法满足相应的工艺要求。

(3)受当时的材料和技术水平的限制,预制构件接缝和节点处理不当,引发渗、漏、裂、冷等建筑物理问题,影响正常使用。

(4)施工监管不严,质量下降,造成节点构造处理不当,致使结构在地震中产生较多的破坏。如唐山大地震时,大量砖混结构遭到破坏使人们对预制楼板的使用缺乏信心。

(5)20世纪80年代初期,我国改革开放后,农村大量劳动者涌向城市,大量未经过专门技术训练的、价格低廉的农民工进入建筑业,从事劳动强度大、收入低的现场浇筑混凝土的施工工作,使得有一定技术难度的装配式结构缺乏性价比的优势,导致发展停滞。

进入21世纪后,预制部品构件由于固有的一些优点在我国又重新受到重视。预制部品构件生产效率高、产品质量好,尤其是它可改善工人劳动条件、对环境影响小,有利于社会可持续发展,这些优点决定了预制混凝土是未来建筑发展的一个必然方向。

有关预制混凝土的研究和应用有回暖的趋势,国内相继开展了一些预制板凝土节点和整体结构的研究工作。在工程应用方面采用新技术的预制混凝土建筑逐渐增多。如郑州西四环万科开发的工程采用了预应力预制混凝土装配整体框架结构体系,大连43层的希望大厦采用了预制混凝土叠合楼面。相信随着我国预制混凝土研究和应用工作的开展,预制混凝土在不远的将来会迎来一个快速的发展时期。北京榆构、中铁第七工程局、中建七局等单位完成了多项公共建筑外墙挂板、预制体育场看台工程。2005年之后,万科集团、绿地集团、远大住工集团等单位在借鉴国外技术及工程经验的基础上,从应用住宅预制外墙板开始,成功开发了具有中国特色的装配式剪力墙住宅结构体系。

## 三、有关装配式结构的标准及标准设计在我国的发展

我国现行的工程建设标准可以按照以下方法分为几类:按照级别可分为国家标准、行业标准、地方标准和协会标准;按照专业可分为建筑领域、结构领域、设备领域等;按照用途可分为评价标准、设计标准、技术标准、施工验收标准、产品标准等。有些标准是专门针对装配整体式建筑,如《装配式混凝土结构技术规程》(JGJ 1—2014),有些标准的部分内容涉及装配整体式建筑,如《混凝土结构设计规范(2015年版)》(GB 50010—2010)。特别是改革开放初期,在装配式结构的应用高潮时期,国家标准《预制混凝土构件质量检验评定标准》、行业标准《装配式大板居住建筑设计和施工规程》以及协会标准《钢筋混凝土装配整体式框架节点与连接设计规程》等相继出台。20世纪80年代末至21世纪初,装配式结构在民用建筑中的应用处于低潮阶段。近几年来,随着国民经济的快速发展、工业化与城镇化进程的加快、劳动力成本的不断增长,我国在装配式结构方面的研究与应用逐渐升温,河南地方政府积极推进,一些企业积极响应,开展相关技术的研究与应用,并形成了良好的发展态势。特别是为了满足我国装配式结构工程应用的需求,组织编制和修订了国家标准《工业化建筑评价标准》(GB/T 51129—2015)、行业标准《装配式混凝土结构技术规程》(JGJ 1—2014)、产品标准《钢筋连接用套筒灌浆料》(JG/T 408—2019)等,北京、上海、深圳、辽宁、黑龙江、安徽、江苏、福建等省市也陆续编制了相关的地方标准。

标准设计方面,我国于19世纪50年代末,编制了单层工业厂房结构构件和配件成套标准设计,这是我国第一套全国通用的单层厂房标准设计;这一阶段还编制了我国第一套建筑设备专业标准设计,包括采暖、通风、动力、电气、给水排水四个专业;1964至1988年完善了单层厂房构配件成套标准设计,主要承重构件都做了大量的结构试验,尤其对承受中、重级工作制吊车梁都完成了200多万次、400多万次动力疲劳试验等系统试验,保证这一套标准设计质量安全可靠、经济合理。

# 第二节 装配式混凝土结构技术应用现状

## 一、结构体系应用研究

装配整体式混凝土结构的主体结构,依靠节点和拼缝将结构连接成整体,并同时满足应用阶段和施工阶段的承载力、稳固性、刚性、延性要求。连接构造采用钢筋的连接方式,有灌浆套筒连接、搭接连接和焊接连接。配套构件如门窗、用水房间的整体性技术和安装装饰的二次性完成技术等均属于该类建筑的技术特点。

预制构件如何传力、协同工作是预制钢筋混凝土结构研究的核心问题,就是钢筋的连接与混凝土界面的处理。2008 年以来,我国广大科技人员在前期研究的基础上做了大量试验和理论研究工作,如 H 形试件结合面直剪和弯剪性能单调加载试验、装配整体式混凝土框架节点抗震性能试验、预制剪力墙抗震试验和预制外挂墙板受力性能试验等,对装配整体式混凝土结构结合面的抗剪性能、预制构件的连接技术及纵向钢筋的连接性能进行了研究。为适应国家"十三五"规划及未来对住宅产业化发展的需求,国内学者对装配式结构中占比较大的钢筋混凝土叠合楼板,以及钢筋套筒灌浆料密实性进行了研究。

装配整体式混凝土结构的预制构件(柱、梁、墙、板)在设计方面,遵循受力合理、连接可靠、施工方便、少规格、多组合的原则。为满足不同地域、不同户型的需求,建筑结构设计尽量通用化、模块化、规范化,以便实现构件制作的通用化。结构的整体性和抗倒塌能力主要取决于预制构件之间的连接,在地震、偶然撞击等作用下,整体稳固性对装配式结构的安全性很重要。结构设计中必须充分考虑结构的节点、拼缝等部位的连接构造的可靠性。装配整体式混凝土结构设计要求装饰设计与建筑设计同步完成,构件详图的设计应表达出装饰装修工程所需预埋件和室内水电的点位,这样才能在装饰阶段直接利用预制构件中所预留预埋的管线及其他配件,不会因后期点位变更而破坏墙体。

从我国现阶段情况看,尚未达到全部构件的标准化,建筑的个性化与构件的标准化仍有冲突,装配整体式混凝土结构的预制构件以设计图纸为制作及生产依据,设计的合计项目的成本。发达国家的经验表明,装配整体式混凝土结构设计的突破口,要通过若干年的发展实践,逐步实现构件、部品设计的标准化与模数化。目前国内装配整体式混凝土结构按照等同现浇结构进行设计。

## 二、结构体系应用现状

目前应用最多的装配式混凝土结构体系是装配整体式混凝土剪力墙结构,装配整体式混凝土框架结构的应用比较广泛,装配整体式混凝土框架－剪力墙结构有少量应用。

1. 装配整体式混凝土剪力墙结构

新型的装配式混凝土建筑发展是从装配式混凝土住宅开始,剪力墙结构无梁、柱外露深受消费者赞赏。近年来装配整体式混凝土剪力墙结构住宅发展迅速,得到大量的应用。大量工程实践,主要做法有以下三种。

(1)预制剪力墙承重体系。通过竖缝节点后浇混凝土和水平缝节点后浇混凝土带或圈梁实现结构的整体连接;竖向受力钢筋采用套筒灌浆、电压焊接、环形焊接、浆锚搭接等连接技术进行连接。北方地区外墙板一般采用夹心保温墙板,由内墙板、夹心保温层、外墙板三部分组成,内墙板和外墙板之间通过拉结件连接,可实现外装修、保温、承重一体化。这种做法是《装配式混凝土结构技术规程》(JGJ 1—2014)中推荐的主要方法,可用于高层剪力墙结构。

图 1-1　夹心保温预制混凝土外墙板

（2）叠合式剪力墙。将剪力墙从厚度方向划分为三层，内外两层预制，通过桁架钢筋连接，中间现浇混凝土；墙板竖向分布钢筋和水平分布钢筋通过附加钢筋实现间接搭接。

图1-2　叠合板（装配整体式楼板）式混凝土剪力墙结构

（3）预制剪力墙外墙模板。剪力墙外墙通过预制的混凝土外墙模板和现浇部分形成，其中预制外墙模板设桁架钢筋与现浇部分连接，可部分参与结构受力。

图1-3　预制剪力墙外墙模板

2.装配整体式混凝土框架结构

装配整体式混凝土框架结构体系主要参考了我国上海、台湾，以及日本的技术，柱竖向受力钢筋采用套向灌浆技术进行连接，主要做法分为两种：一是节点区域预制（或梁柱节点区域和周边部分构件一并预制），这种做法将框架结构施工中最为复杂的节点部分在工厂进行预制，避免了节点区各个方向钢筋交叉避让的问题，但要求预制构件连接点固定精度较高，且预制构件尺寸比较大，运输比较难；二是梁、柱各自预制为线性构件，节点区域现浇，这种做法预制构件非常规整，但节点区域钢筋相互交叉现象比较严重，这也是该种做法需要考虑的最为关键的环节，考虑目前我国构件厂和施工单位的工艺水平，《装配式混凝土结构技术规程》（JGJ 1—2014）中推荐了这种做法。

3. 装配整体式混凝土框架－剪力墙结构

装配式框架－剪力墙结构的试验研究工作比较少，《装配式混凝土结构技术规程》（JGJ 1—2014）仅限使用框架预制，剪力墙现浇的做法。目前国内正在进行装配整体式预制框架－预制剪力墙结构体系的研究。

以上三种主要的结构体系都是同现浇混凝土结构的设计概念、设计方法与现浇混凝土结构基本相同。另外随着设计和施工精密度的发展，施工技术的改变和新型科技的应用，装配式整体建筑会采用企口式组装建筑，这样可以代替现浇混凝土连接方式。

# 三、我国装配整体式混凝土结构的技术体系种类

国内常用装配整体式建筑的结构体系有：装配整体式混凝土剪力墙结构体系、装配整体式混凝土框架结构体系、现浇混凝土框架外挂预制混凝土墙板体系（内浇外挂式框架体系）、现浇混凝土剪力墙外挂预制混凝土墙板体系（内浇外挂式剪力墙体系）、内部钢结构框架外挂混凝土墙板体系（内部钢结构外挂式框架体系）。

现在国内建筑产业化企业在发展装配式 PC 建筑，所采取的技术结构体系均有所不同，大致有以下几种类型。

（1）万科集团在南方侧重于预制框架或框架结构外挂板＋装配整体式剪力墙结构，采取设计一体化、土建与装修一体化、PC窗预埋等技术；在北方侧重于装配整体式剪力墙结构。

（2）远大住工集团为装配式叠合层板（装配整体式层板）现浇剪力墙结构体系、装配式框架体系。结构采用外挂墙板，在整体厨卫、成套门窗等技术方面实现标准化设计。

（3）南京大地建设集团有限责任公司采用装配式框架外挂板体系、预制预应力混凝土装配整体式框架结构体系。

（4）中南集团为全预制装配整体式剪力墙（NPC）体系。

（5）宝业集团为叠合式剪力墙装配整体式混凝土结构体系。

（6）上海城建集团为预制框架剪力墙装配式住宅结构技术体系。

（7）黑龙江宇辉集团为预制装配整体式混凝土剪力墙结构体系。

（8）中建七局为PK（拼装、快速）系列装配整体式剪力墙结构体系。

所以说我国的装配整体式建筑没有形成一个统一化设计施工标准。

## 四、连接技术应用现状

装配式混凝土结构通过构件与构件、构件与后浇混凝土、构件与现浇混凝土等关键部位的连接，保证结构的整体受力性能，连接技术的选择是设计中最为关键的环节。由于我国主要采用同等现浇的设计概念，高层建筑采用装配整体式混凝土结构，预制构件之间通过可靠的连接方式，与现场后浇混凝土、水泥基灌浆料等形成整体的装配式混凝土结构。竖向受力钢筋的连接方式主要有钢筋套筒灌浆连接、浆锚搭接连接，但是在现浇混凝土结构中的搭接、焊接、机械连接等钢筋连接技术，在施工条件允许的情况下也可以使用。

钢筋套筒灌浆连接由金属套筒插入钢筋，并灌注高强、早强、可微膨胀的水泥基灌浆料，通过刚度很大的套筒对可微膨胀灌浆料的约束作用，在钢筋表面和套筒内侧间产生正向作用力,钢筋借助正向力在钢筋粗糙的、带肋的表面产生摩擦力,实现受力钢筋之间应力的传递。套筒可以分为全灌浆套筒和半灌浆套筒两种形式。钢筋套筒灌浆连接技术在欧美地区及日本等国家有广泛应用,并经历了较高等级地震的考验,编制有成熟的设计施工标准;在国内也有大量的试验数据支持,主要用于柱、剪力墙等竖向构件中。《装配式混凝土结构技术规程》(JGJ 1—2014)对套筒灌浆连接的设计、施工和验收提出了要求,《钢筋连接用套筒灌浆料》(JG/T 408—2019)、《钢筋连接用灌浆套筒》(JG/T 398—2019)、《钢筋套筒灌浆连接应用技术规程》(JGJ 355—2015)等专项标准,都对连接技术的推广应用提供了技术可靠的依据。

钢筋浆锚连接是在预制构件中预留洞,受力钢筋分别在孔洞内外通过间接搭接实现钢筋应力的传递。此项技术的关键在于孔洞的成型方式、灌浆艺术操作质量以及对搭接钢筋的约束等各个方面。目前主要包括约束浆锚搭接连接和金属波纹管搭接连接两种方式,主要用于剪力墙竖向分布钢筋的连接。

除以上这两种主要连接技术外,国内也在研发相关的干式连接做法,比如通过型钢进行构件之间连接的技术、电压焊等技术应用,用于低多层的各类预埋件连接技术等。

## 五、预制构件生产技术应用现状

随着装配式混凝土结构的大量应用,各地预制构件生产企业在逐步增加,其生产技术也得到了广泛应用。相关构件包括预制墙板、梁、柱、叠合板(装配整体式楼板)、阳台、空调板、女儿墙,每个类别构件都包括各种形式。

新型的装配整体式建筑对预制构件的要求相对较高,主要表现为:一是构件尺寸及各类预埋预留定位尺寸精度要求高,二是外观质量要求高,三是集成化程度高,等等。这些要求生产企业在工厂化生产构件技术方面要具有高的制作和科研水平。

在生产线方面有固定台座或定型模具的生产方式,也有机械化、自动化程度较高的流水线生产方式,在生产应用中针对各种构件的特点各有优势。为追求建筑立面效果以及构件美观,清水混凝土预制技术、饰面层反打技术、彩色混凝土等相关技术得到很好的应用。其他如脱模剂、露骨料缓凝剂等生产技术也不断使用。预制构件生产技术较现场现浇混凝土更为严格,质量有所提高。《装配式混凝土结构技术规程》(JGJ 1—2014)中,对预制构件的制作和质量验收提出了初步的要求,随着预制技术的迅速发展和提高,其内容还有待完善和补充。许多地方标准,如北京、上海、深圳、郑州、沈阳、合肥、福建等地均出台了专门的预制构件制作、施工及质量验收标准,为该项工作提供了技术保障。

## 六、施工技术

装配式混凝土结构与现浇混凝土结构是两种不同的施工方法。由于部分构件在工厂预制,并在现场通过后浇段或钢筋连接技术装配成整体,施工现场的模板工程、混凝土工程、钢筋工程大幅度减少,预制构件的运输、吊运、安装、支撑等是施工中的关键。现浇混凝土施工是我国建筑业最为主要的生产方式,劳动工人也多为农民工,技术含量低,缺乏相应的培训。目前装配式混凝土结构施工中最大的难题是技术力量薄弱,施工单位的施工组织计划未能适应生产方式的较大变化,因此,装配式混凝土结构的施工现场处于粗放生产的状况,精细程度不足,质量不能得到保障。

国家标准《混凝土结构工程施工规范》(GB 50666—2011)及行业标准《装配式混凝土结构技术规程》(JGJ 1—2014)都提到了装配式混凝土结构的施工。随着装配式混凝土结构施工的进步,此方面的内容需尽快完善和补充。施工工序在装配式混凝土结构的施工中非常重要。国内对施工的要求还不够严格,一是前期的设计或是深化设计未能全面考虑施工操作的流程,二是现场工人对以安装到位为原则的施工方法,还缺乏工序控制的思维。

# 第三节 装配整体式混凝土结构的发展意义和展望

## 一、装配整体式混凝土结构的发展意义

提高工程质量和施工效率。通过标准化设计、工厂化生产、装配化施工，减少了人工操作和劳动强度，确保了构件质量和施工质量，从而提高了工程质量和施工效率。减少资源、能源消耗，减少建筑垃圾，保护环境。由于实现了构件生产工厂化，材料和能源消耗均处于可控状态，建造阶段消耗建筑材料和电力较少，施工扬尘和建筑垃圾大大减少。

缩短工期，提高劳动生产率。由于构件生产和现场建造在两地同步进行，建造、装修和设备安装一次完成，相比传统建造方式大大缩短了工期，能够适应目前我国大规模的城市化进程。

转变建筑工人身份，促进社会稳定、和谐。现代建筑产业减少了施工现场临时工的用工数量，并使其中一部分人进入工厂，变为产业工人，助推城镇化发展。减少施工事故。与传统建筑相比，产业化建筑建造周期短、工序少、现场工人需求量小，可进一步降低发生施工事故的概率。

施工受气象因素影响小。产业化建造方式大部分构配件在工厂生产，现场基本为装配作业，施工工期短，受降雨、大风、冰雪等气象因素的影响较小。

随着新型城镇化的稳步推进，人民的生活水平不断提高，社会对建筑品质的要求也越来越高。新能源和环境压力逐渐加大，建筑行业竞争增加。建筑产业现代化对推动建筑业产业升级和发展方式转变，促进节能减排和民生改善，推动城乡建设走上绿色、循环、低碳的科学发展轨道，实现经济社会全面、协调、可持续发展，不仅意义重大，还需要企业改变。

## 二、装配整体式混凝土结构的发展

我国在装配式结构的研究上已取得了一些成果,许多高校和企业为装配式结构的推广做出了贡献,同济大学、清华大学、东南大学、北京理工大学以及哈尔滨工业大学等高校均进行了装配式框架结构的相关构造研究。在万科集团、远大住工集团、东方建设集团等企业的大力推动下,装配式结构也得到了推广应用。目前主要的应用还是一些非结构构件,如预制外挂墙板、预制楼梯及预制阳台等,对于承重构件的应用(如梁、柱等)还是非常少。我国装配式结构未来的发展主要体现在以下几个方面。

(1)装配整体式混凝土结构在国内研究应用的较少,也很少有完整的施工图,国内仅有少量的设计院能够做装配整体式混凝土框架结构的设计,设计技术人员缺少,使之难以推广。应根据国家出台的相关规范,运用新的构造措施和施工工艺形成一个系统,以支撑装配式结构在全国范围内的广泛应用。

(2)我国的工业化建筑体系处在专用体系的阶段,未达到通用体系的水平。只有实现在模数化规则下的设计标准化,才能实现构件生产的通用化,有利于提高生产效率和质量,有助于住宅部品的推广应用。

实现建筑与部品模数协调、部品之间的模数协调、部品的集成化和工业化生产、土建与装修的一体化,才能实现装修一次性到位,达到加快施工速度,减少建筑垃圾,实现可持续发展的目标。

(3)装配式结构在我国的发展存在间断期,使得掌握这项技术的人才也产生了断代,且随着抗震要求的不断提高,混凝土结构的设计难度也更大了。我们应提高装配式结构的整体性能和抗震性能,使人们对装配式结构的认识不只停留在现浇结构上,积极推广装配整体式混凝土结构,推进应用具有可改造性的长寿命SI住宅。

（4）装配整体式混凝土结构预制构件间的连接技术在保证整体结构安全性、整体性的前提下，尽量简化连接构造，降低施工中不确定性对结构性能的影响。目前我国预制构件的连接方法主要采用套筒灌浆与浆锚连接两种，开发工艺简单、性能可靠的新型连接方式是装配整体式混凝土结构发展的需要。

（5）日本于1974年建立了住宅部品认定制度，经过认定的住宅部品，政府强制要求在公营住宅中使用，同时也受到市场的认可并普遍被采用。

我国建筑预制构件和部品生产单位水平参差不齐，所生产的产品良莠不一。目前我国缺乏专门部门对其进行相关认定。这既不利于保证部品及构件的质量，也不利于企业之间展开充分竞争。我国可以学习日本"BL"制度经验，建立优良住宅部品认定制度，形成住宅部品优胜劣汰的机制。建立这项权威制度，是推动住宅产业和住宅部品发展的一项重要措施。

（6）目前我国装配整体式混凝土结构处于发展初期，设计、施工、构件生产、思想观念等方面都在从现浇向预制装配转型。这一时期宜以少量工程为样板，以严格技术要求进行控制，样板先行再大量推广。应关注新型结构体系带来的外墙拼缝渗水、填缝材料耐久性、叠合板（装配整体式楼板）板底裂缝等非结构安全问题，总结经验，解决新体系下的常见质量问题。

# 第二章

# 基本知识

# 第一节  结 构 概 述

建筑物的整个建造过程可以分为:地基与基础工程施工、主体工程施工、安装工程施工、装饰装修工程施工等。建筑物的主体工程又可以分为:主体结构和围护结构两大部分。

建筑物的主体结构按照受力方式分类,主要有:框架结构、剪力墙结构、框架－剪力墙结构、排架结构、框筒结构、筒体结构等。按照这样的分类,设计人员可以针对建筑物所承受的结构自重及外部荷载,进行整体结构分析,从而得出建筑结构每一具体位置所受的内力数值。建筑物的主体结构按照组成材料分类,可分为:混凝土结构(按照预制率的不同,可分为全装配、装配整体式、现浇混凝土结构)、钢结构、木结构、混合结构等。

采用不同的建筑材料与结构受力方式,构成了更加丰富的结构形式种类,如混凝土框架结构、混凝土剪力墙结构、混凝土框架－剪力墙结构、混凝土排架结构等;也可以是钢框架结构、钢排架结构等,详见表2-1。

表2-1  按受力形式和材料的常用结构形式分类

| 材料分类 / 受力形式 | 混凝土结构 | | 钢结构 | 混合结构 |
|---|---|---|---|---|
| | 混凝土(全现浇) | 预制混凝土(PC) | | |
| 框架结构 | 混凝土、框架结构(全现浇) | 装配整体式框架结构 | 钢框架结构 | 混凝土柱－钢梁框架结构 |
| 剪力墙结构 | 混凝土剪力墙结构(全现浇) | 装配整体式剪力墙结构 | — | 钢骨混凝土剪力墙结构 |
| 框架－剪力墙结构 | 混凝土框架－剪力墙结构(全现浇) | 装配整体式框架－剪力墙结构 | 钢框架－钢剪力墙结构 | 钢框架－混凝土剪力墙结构 |
| 排架结构 | 混凝土排架结构(全现浇) | 装配整体式排架结构 | 门式钢架 | 混凝土柱－钢屋架排架结构 |

混合结构是近十几年来新出现的新型结构形式。在混合结构中,采用混凝土构件,也采用钢构件。混合结构充分发挥了型钢和混凝土两种材料的优点,在超高层建筑中得到了广泛应用,进一步拓展了建筑结构的适用范围。

预制混凝土构件的采用,正在引起建筑业的一场深刻变革,引导了建筑产业化的兴起。在装配整体式结构中,既采用预制混凝土构件,也采用现浇混凝土叠合后浇。通过采用工业化手段,达到节约人工、提高施工速度、绿色施工的目标。国家颁布实施了《装配式混凝土结构技术规程》(JGJ 1—2014),河南省发布实施了《装配整体式混凝土结构设计规程》《装配整体式混凝土结构工程质量验收规范》《装配整体式混凝土结构工程预制构件制作技术规程》,为装配整体式结构的应用和发展提供了广泛前景。

# 第二节　常用结构形式分类

建筑物的主体结构可按照两种方式进行分类:一是按照受力方式分类,常用的有框架结构、剪力墙结构、框架 – 剪力墙结构和排架结构等;二是按照建筑材料分类,常用的有现浇混凝土结构、装配式钢筋混凝土结构、钢结构和混合结构等。

## 一、按照受力方式分类

### (一)框架结构

1. 框架结构的组成

框架结构由梁和柱连接而成,梁柱连接处的框架节点通常为恰接。为利于结构受力,框架梁宜拉通、对直,框架柱宜纵横对齐、上下对中,梁柱轴线宜在同一竖向平面内。

2.框架结构的建筑平面布局

框架结构的平面布置既要满足生产施工和建筑平面布置的要求,又要使结构受力合理,施工方便,加快施工进度,降低工程造价。

建筑设计及结构布置时,既要考虑到建筑结构的模数化、标准化,又要考虑到构件的长度和质量,使之满足吊装、运输设备的限制条件,并尽量减少预制构件的规格种类,提高模具的利用率,以满足工厂化生产及现场装配的要求,提高生产和现场装配效率。

柱网尺寸统一,跨度大小和抗侧力构件布置宜均匀、对称,尽量减小偏心,减小结构的扭转效应,并应考虑结构在竖向荷载作用下内力分布均匀合理,各构件材料强度均能得到充分利用。设计应根据建筑使用功能的要求,结合结构受力的合理性、经济性、方便施工等因素来确定。

3.框架结构的竖向布置

框架沿高度方向各层平面柱网尺寸宜相同,框架柱宜上下对齐,尽量避免因楼层某些框架柱取消而形成竖向不规则框架,如因建筑功能需要造成不规则时,应视不规则程度采取加强措施,如加厚楼板、增加边梁配筋等。

框架柱截面尺寸宜沿高度方向由大到小均匀变化,混凝土强度等级宜和柱截面尺寸错开楼层变化,以使结构侧向刚度均匀变化。同时应尽可能使框架柱截面中心对齐,或上下柱仅有较小的偏心。

4.结构的体型规则性

平面和立面不规则的体型,在水平荷载作用下,由于体型突变,受力比较复杂,因此,建筑体型在平面及立面上应尽量避免部分突出及刚度突变。若不能避免时,则应在结构布置上局部加强。在平面上有突出部分的房屋,应考虑到突出部分在地震力作用下由局部振动引起的内力,沿突出部分两侧的框架梁、柱要适当加强。

## (二)剪力墙结构

1.剪力墙结构的特点

用钢筋混凝土剪力墙(用于抗震结构称为抗震墙)承受竖向荷载和抵抗侧向力

的结构称为剪力墙结构,也称为抗震墙结构。

剪力墙结构整体性好,承载力及侧向刚度大。合理设计的剪力墙结构具有良好的抗震性能。在历次地震中,剪力墙的震害一般比较轻。剪力墙结构适用于多、高层住宅及高层公共建筑。

2.剪力墙的结构布置

装配整体式剪力墙的结构布置要求与现浇剪力墙基本一致,宜简单、规则、对称,不应采用不规则的平面布置。

剪力墙在平面内应双向布置,沿高度方向宜连续布置。剪力墙一般需要开洞作为门窗,洞口宜上下对齐,成列布置,形成具有规则洞口的联肢剪力墙,避免出现洞口不规则的错洞墙。

高层装配整体式剪力墙结构的底部加强部位一般采用现浇结构,顶层一般采用现浇楼盖结构,这保证了结构的整体性。高层建筑可设置地下室,这提高了结构在水平力作用下的抗滑移、抗倾覆的能力;地下室采用装配整体式并无明显的成本和工期优势,采用现浇结构既可以保证结构的整体性,又可以提高结构的抗渗性能。

剪力墙等预制构件的连接部位宜设置在构件受力较小的部位,预制构件的拆分应便于标准化生产、吊装、运输和就位,同时还应满足建筑模数协调、结构承载能力及便于质量控制的要求。

## （三）框架－剪力墙结构

装配整体式框架－剪力墙结构布置原则:装配整体式框架－剪力墙结构要符合第一节对装配整体式框架的要求,剪力墙宜对称布置,各道墙的刚度宜接近,长度较长的剪力墙宜设置洞口和连梁形成双肢墙或多肢墙,各层每道剪力墙承受的水平力不宜超过相应楼层总水平力的40%。抗震设计时,结构两主轴方向均应布置剪力墙,梁与柱、柱与剪力墙的中心线宜重合,当不能重合时,在计算中应考虑其影响,并采取加强措施。

## （四）排架结构

柱与屋架(或屋面梁)采用铰接连接形成的一种结构体系,简称排架结构。柱列的纵向(连同其基础)用吊车梁、连系梁、柱间支撑等构件联系。排架结构根据所采用材料的不同,主要分为:现浇混凝土排架结构、预制混凝土排架结构和钢排架结构等。

排架结构主要由排架柱、屋盖、外围护墙、支撑体系、基础等组成。

## 二、按照建筑材料分类

### (一)现浇混凝土结构

在现场原位支模并整体浇筑而成,以混凝土为主制成的结构称为现浇混凝土结构。

1. 材料选用

混凝土是指由胶凝材料、骨料和水(或不加水)按适当的比例配合、拌制成的混合物,经一定时间硬化形成的人造石材。钢筋分为普通钢筋和预应力钢筋。普通钢筋是用于混凝土结构构件中的各种非预应力筋的总称。预应力钢筋是用于混凝土构件中施加预应力的钢丝、钢绞线和预应力螺纹钢筋等的总称。

2. 钢筋的锚固

钢筋与混凝土之间的共同作用,依靠钢筋与混凝土的握裹力实现。为保证钢筋与混凝土之间的握裹力,钢筋需要在混凝土之中具有一定的锚固长度。锚固长度就是受力钢筋依靠其表面与混凝土的黏结作用或端部构造的挤压作用而达到设计承受应力所需的长度。

3. 钢筋的连接

钢筋通过绑扎搭接、机械连接、焊接等方法实现钢筋之间内力传递的构造方式。

4. 基本规定

混凝土结构设计应包括下列内容。

(1)结构方案设计,包括结构选型、构件布置及传力途径。

(2)作用及作用效应分析。

(3)结构的极限状态设计。

（4）结构及构件的构造、连接措施。

（5）耐久性及施工的要求。

（6）满足特殊要求结构的专门性能设计。

## （二）装配式钢筋混凝土结构

装配式钢筋混凝土结构，是指由预制混凝土构件通过可靠的连接方式装配而成的混凝土结构，包括装配整体式混凝土结构、全装配混凝土结构等。在建筑工程中，简称装配整体式建筑；在结构工程中，简称装配式结构。

1. 材料选用

混凝土、钢筋和钢材的力学性能指标和耐久性要求等应符合现行国家标准《混凝土结构设计规范（2015 年版）》（GB 50010—2010）和《钢结构设计规范》（GB 50017—2017）的规定。

钢筋的选用应符合现行国家标准《混凝土结构设计规范（2015 年版）》（GB 50010—2010）的规定，普通钢筋采用套筒灌浆连接和浆锚搭接连接时，钢筋应采用热轧带肋钢筋。

2. 连接方式

装配式钢筋混凝土结构除了采用传统的焊接、螺栓连接、锚栓连接以外，还采用了钢筋套筒灌浆连接、浆锚搭接连接等新型连接方式。

钢筋套筒灌浆连接接头采用的套筒应符合现行行业标准《钢筋连接用灌浆套筒》（JG/T 398—2019）的规定，灌浆料应符合《钢筋连接用套筒灌浆料》（JG/T 408—2019）的规定。

连接用焊接材料，螺栓和锚栓等紧固件的材料应符合国家现行标准《钢结构焊接规范》（GB 50661—2011）和《钢筋焊接及验收规程》（JGJ 18—2012）等的规定。

3. 基本规定

（1）装配式结构的作用及作用组合应根据国家现行标准《建筑结构荷载规范》（GB 50009—2012）、《建筑抗震设计规范》（GB 50011—2010）、《高层建筑混凝土结构技术规程》（JGJ 3—2010）和《混凝土结构工程施工规范》（GB 50666—2011）等确定。

（2）预制构件在翻转、运输、吊运、安装等短暂设计状态下的施工验算，应将构件自重标准值乘以动力系数后作为等效静力荷载标准值。

（3）预制构件进行脱模验算时，等效静力荷载标准值应取构件自重标准值乘以动力系数后与脱模吸附力之和，可根据现场实测确定，且不宜小于构件自重标准值的 1.5 倍。

## （三）钢结构

钢结构主要由型钢和钢板等制成的钢梁、钢柱、钢桁架等构件组成，各构件或部件之间通常采用焊缝、螺栓或铆钉连接。因其自重较轻，且施工简便，广泛应用于大型厂房、场馆、超高层等领域。

### 1. 材料选用

承重结构的钢材宜采用 Q235 钢、Q345 钢、Q390 钢和 Q420 钢，其质量应分别符合现行国家标准《碳素结构钢》（GB/T 700—2006）和《低合金高强度结构钢》（GB/T 1591—2018）的规定。

承重结构采用的钢材应具有抗拉强度、伸长率、屈服强度和硫、磷含量的合格保证，对焊接结构尚应具有碳含量的合格保证。

焊接承重结构以及重要的非焊接承重结构采用的钢材还应具有冷弯试验的合格保证。

### 2. 连接方式

钢结构的连接一般采用焊接连接、螺栓连接、铆钉连接等方式。连接用焊接材料，螺栓和铆钉等紧固件的材料应符合现行国家标准《钢结构焊接规范》（GB 50661—2011）和《钢筋焊接及验收规程》（JGJ 18—2012）等的规定。

### 3. 基本规定

（1）承重结构应进行承载能力极限状态设计。

（2）承重结构应进行正常使用极限状态设计。

（3）设计钢结构时，荷载的标准值、荷载分项系数、荷载组合值系数、动力荷载的动力系数等，应按照国家标准《建筑结构荷载规范》（GB 50009—2012）的规定采用。

(4)设计钢结构时,应从工程实际出发,合理选用材料、结构方案和构造措施,满足结构构件在运输、安装和使用过程中的强度、稳定性和刚度要求,并符合防火、防腐蚀要求。

## (四)混合结构

混合结构是由钢框架、型钢混凝土框架、钢管混凝土框架与钢筋混凝土核心筒体所组成的共同承受水平和竖向作用的建筑结构。

1. 材料选用

混合结构中采用的钢管、型钢应符合现行国家标准《钢结构设计规范》(GB 50017—2017)的规定。

混合结构中采用的混凝土强度等级不应低于C30,混凝土的抗压强度和弹性模量应按现行国家标准《混凝土结构设计规范(2015年版)》(GB 50010—2010)执行。

用于混合结构中钢构件的焊接材料,应符合现行国家标准《非合金钢及细晶粒钢焊条》(GB/T 5117—2012)和《热强钢焊条》(GB/T 5118—2012)的规定。普通螺栓和高强度螺栓连接的设计应按现行国家标准《钢结构设计规范》(GB 50017—2017)执行。

2. 连接方式

(1)混合结构中的钢管、型钢的连接采用焊接连接、螺栓连接等方式。

(2)混合结构中的钢筋采用绑扎搭接、机械连接、焊接连接等方式进行连接。

(3)钢管混凝土结构中的混凝土采用现场原位支模,或者直接利用钢管作为外模板,整体浇筑而成。

3. 结构布置

(1)混合结构的平面布置宜简单、规则、对称,具有足够的整体抗扭刚度,平面宜采用方形、矩形、多边形、圆形、椭圆形等规则平面,建筑的开间、进深宜统一。

(2)混合结构的竖向布置应使结构的侧向刚度和承载力沿竖向均匀变化、无突变,构件截面宜由下至上逐渐变小。

# 第三节　不同结构形式的适用范围

## 一、（现浇）钢筋混凝土结构、钢结构、混合结构的适用范围

根据《建筑抗震设计规范》（GB 50011—2010）和《高层建筑混凝土结构技术规程》（JGJ 3—2010）的规定，（现浇）钢筋混凝土结构、钢结构、混合结构房屋的最大适用高度见表2-2，最大高宽比见表2-3。

表2-2　（现浇）钢筋混凝土结构、钢结构、混合结构房屋的最大适用高度(m)

| 结构类型 | | 抗震设防烈度 | | | | |
| --- | --- | --- | --- | --- | --- | --- |
| | | 6 度 | 7 度 | 8 度(0.2g) | 8 度(0.3g) | 9 度 |
| 钢筋混凝土框架结构 | | 60 | 50 | 40 | 35 | 9 |
| 钢筋混凝土框架－剪力墙结构 | | 130 | 120 | 100 | 80 | 50 |
| 钢筋混凝土剪力墙结构 | | 140 | 120 | 100 | 80 | 60 |
| 钢筋混凝土部分框支－剪力墙结构 | | 120 | 100 | 80 | 50 | 不采用 |
| 钢框架结构 | | 110 | 90 | 90 | 70 | 50 |
| 钢框架－中心支撑 | | 220 | 220 | 180 | 150 | 120 |
| 钢框架－偏心支撑 | | 240 | 240 | 200 | 180 | 160 |
| 混合钢构 | 钢框架－钢筋混凝土核心筒 | 200 | 160 | 120 | 100 | 70 |
| | 型钢（钢管）混凝土框架－钢筋混凝土核心筒 | 220 | 190 | 150 | 130 | 70 |

表 2-3　（现浇）钢筋混凝土结构、钢结构、混合结构房屋适用的最大高宽比

| 结构类型 | 非抗震设计 | 抗震设防烈度 | | |
|---|---|---|---|---|
| | | 6、7 度 | 8 度 | 9 度 |
| 钢筋混凝土框架结构 | 5 | 4 | 3 | — |
| 钢筋混凝土框架 - 剪力墙结构 | 7 | 6 | 5 | 4 |
| 钢筋混凝土剪力墙结构 | 7 | 6 | 5 | 4 |
| 钢框架、钢框支撑结构 | — | 6.5 | 6.0 | 5.5 |
| 钢框架、型钢（钢管）混凝土框架 - 钢筋混凝土核心筒 | 8 | 7 | 7 | 5 |

## 二、装配整体式钢筋混凝土结构的适用范围

根据《装配式混凝土结构技术规程》（JGJ 1—2014）的规定，装配整体式结构房屋的最大适用高度见表 2-4，最大高宽比见表 2-5。

表 2-4　装配整体式结构房屋的最大适用高度（m）

| 结构类型 | 非抗震设计 | 抗震设防烈度 | | | |
|---|---|---|---|---|---|
| | | 6 度 | 7 度 | 8 度（0.2g） | 8 度（0.3g） |
| 装配整体式框架结构 | 70 | 60 | 50 | 40 | 30 |
| 装配整体式框架 - 现浇剪力墙结构 | 150 | 130 | 120 | 100 | 80 |
| 装配整体式部分框支 - 现浇剪力墙结构 | 120 | 110 | 90 | 70 | 40 |
| 装配整体式剪力墙结构 | 140 | 130 | 110 | 90 | 70 |

注：房屋高度指室外地面到主要屋面的高度，不包括局部突出屋面的部分，当预制剪力墙构件底部承担总剪力大于该层总剪力的 80% 时，最大适用高度取括号内的数值。

表 2-5　装配整体式结构房屋适用的最大高宽比

| 结构类型 | 非抗震设计 | 抗震设防烈度 | |
|---|---|---|---|
| | | 6、7 度 | 8 度 |
| 装配整体式框架结构 | 5 | 4 | 3 |
| 装配整体式框架 - 现浇剪力墙结构 | 6 | 6 | 5 |
| 装配整体式剪力墙结构 | 6 | 6 | 5 |

# 第四节 常规结构体系的改良

在常规结构体系不变的情况下,局部采用预制混凝土构件(PC)改良原有结构体系的施工性能和建筑耐久性。主要的表现形式有以下几种。

## 一、现浇混凝土框架外挂预制混凝土墙板体系（内浇外挂式框架结构体系）

内浇外挂式框架结构体系中竖向承重构件柱采用现浇方式,水平结构构件采用叠合梁和叠合楼板形式。同时,内隔墙、楼梯、阳台板及预制混凝土夹心保温外墙挂板等都可采用预制混凝土构件。

## 二、现浇混凝土剪力墙外挂预制混凝土墙板体系（内浇外挂式剪力墙结构体系）

内浇外挂式剪力墙结构体系中竖向承重构件剪力墙采用现浇方式,水平结构构件采用叠合梁和叠合楼板形式。同时,内隔墙、楼梯、阳台板及预制混凝土夹心保温外墙挂板等都可采用预制混凝土构件。

## 三、内部钢结构框架、外挂钢筋混凝土墙板体系（内部钢结构外挂式框架体系）

内部钢结构框架、外挂钢筋混凝土墙板体系是指采用钢骨架作为受力构件,通过螺栓连接或焊接等方式进行连接形成的结构,楼(屋)盖采用混凝土叠合楼(屋)面板。同时,内隔墙、楼梯、阳台板及外墙挂板等可采用预制构件。

# 第五节 建筑单体预制装配率

## 一、建筑单体预制装配率概念

预制率：工业化建筑室外地坪以上主体结构与围护结构中，预制构件部分的混凝土用量占对应混凝土总用量的比率。

装配率：工业化建筑中预制构件、建筑部品的数量（或面积）占同类构件或部品总数量（或面积）的比率。

建筑单体预制装配率：预制率与装配率之合计，各地区建设行业主管部门根据当地的产业发展情况，制定建筑物预制装配率的最低要求。

## 二、建筑单体预制装配率的简化统计

河南省是根据相关施工企业提供的测算数据，进行分类归纳整理得出的统计数据。经过建筑产业化专家委员会集体讨论通过后发布，可作为各有关单位统计和计算建筑单体预制装配率的依据，也可作为实际工作中的参考。由于计算较为烦琐，使用起来不方便，为加强"建筑单体预制装配率"的可操作性，经过统计测算对各建筑结构类型给予赋值，见表2-6。

表2-6　建筑单体预制装配率简化测算表

| 模板比例 构件名称 | 构件类型 | | | 可选择性 |
|---|---|---|---|---|
| | 框架、框剪 | 剪力墙 | 框架核心筒 | |
| 外墙 WQ | 20% | 35%（梁、柱） | 12% | 必选 |
| 柱 ZA | 20% | | 10% | 可选 |
| 梁 LL | 15% | | 15% | 必选 |
| 楼板（阳台）YB | 30% | 30% | 30% | 可选 |
| 楼梯 DL | 5% | 5% | 5% | 可选 |
| 内墙 NQ | 10% | 35%（梁、柱） | 30% | 可选 |

（续表）

| 模板比例＼构件名称 | 构件类型 | | | 可选择性 |
|---|---|---|---|---|
| | 框架、框剪 | 剪力墙 | 框架核心筒 | |
| 整体卫生间 ZWC | 10% | 10% | 10% | 可选 |
| 整体厨房 ZCY | 15% | 15% | 15% | 可选 |
| 预制构件率 | 50% | 50% | 50% | |
| 预制装配率合计 | 100% | 100% | 100% | |

## 三、玻璃幕墙装配率的认定

对于玻璃幕墙是否算预制外墙的问题，可以按照以下原则进行认定：外墙采用装配整体式玻璃幕墙，且满足国家和地方建筑节能标准，可认定该玻璃幕墙为预制装配式外墙。玻璃幕墙仅作为外部装饰构件，内部还存在内衬墙体的，不认定该玻璃幕墙为预制装配式外墙。

## 四、钢构件装配率的认定

钢构件是在工厂制造的预制构件。运送到工地以后，通过螺栓连接和焊接的方式进行连接形成整体的结构。因此，钢构件符合预制构件的基本特征，应当认定为预制构件。

认定建筑单体预制装配率的时候，凡遇到钢柱、梁、楼板、楼梯、斜支撑等钢构件，应当按照预制构件进行统计。

# 第三章

# 预制混凝土结构设计

# 第一节　预制混凝土构件的设计过程简介

## 一、设计概述

装配式混凝土结构,是指由预制混凝土构件通过可靠的连接方式装配而成的混凝土结构,包括装配整体式混凝土结构、全装配混凝土结构等。在建筑工程中,简称装配整体式建筑;在结构工程中,简称装配式结构。装配整体式混凝土结构是指由预制混凝土构件通过可靠的连接方式进行连接并与现场后浇混凝土、水泥基灌浆料形成整体的装配式混凝土结构,简称装配整体式结构。

本章主要讲述的是装配整体式框架结构和剪力墙结构的性能、设计原则、节点的连接方式,并介绍了装配式结构中预制混凝土外墙挂板的设计及其节点的设计要求。同时还介绍了装配式混凝土结构体系的拆分技术,以及 BIM 软件在结构设计中的深化,并以设计实例的方式让学习者掌握整个设计流程。

## 二、装配式混凝土建筑设计及结构设计基本规定

1. 建筑设计中的要点

装配式混凝土建筑设计应符合建筑功能和性能要求,符合可持续发展和绿色环保的设计原则,利用各种可靠的连接方式装配预制混凝土构件,并宜采用主体结构、装修和设备管线的装配化集成技术,综合协调给水排水、燃气、供暖、通风和空气调节设施、照明供电等设备系统空间设计,考虑安全运行和维修管理等要求。

2. 适用范围

建筑设计中有标准化程度高的建筑类型,如住宅、学校教学楼、幼儿园、医院、办公楼等,也有标准化程度低的建筑类型,如剧院、体育场馆、博物馆等。装配式混凝土建筑对建筑的标准化程度要求相对较高,这样同种规格的预制构件才能被最大化地利用,并带来更好的经济效益。因此,宜选用体型较为规整、大空间的平面布局,合理布置承重墙及管井的位置。此外,预制建筑体系的发展应适应我国各地建筑功

能和性能要求,遵循标准化设计、模数协调、构件工厂化加工制作。

3. 建筑模数协调

建筑设计应符合现行国家标准《建筑模数协调标准》(GB/T 50002—2013)的规定,采用系统性的建筑设计方法,满足构件和部品标准化、通用化要求。建筑结构形式宜简单、规整,设计应合理,满足建筑使用的舒适性和适应性要求。建筑的外墙围护结构以及楼梯、阳台、内隔墙、空调板、管道井等配套构件、室内装修材料宜采用工业化、标准化的部件部品。建筑体型和平面布置应符合《建筑抗震设计规范》(GB 50011—2010)关于安全性及抗震性等的相关要求。

(1)模数化。

在建筑设计中,模数的概念是指选定的尺寸单位,作为尺度协调中的增值单位。我国实现建筑产业现代化实际上是标准化、工业化和集约化的过程。没有标准化,就没有真正意义上的工业化;没有系统的模数化的尺寸协调,就不可能实现标准化。

装配整体式建筑设计应按照建筑模数化要求,采用基本模数或扩大模数的设计方法,建筑设计的模数协调应满足建筑结构体、构件以及部品的整体协调,应优化构件及部品的尺寸与种类,并确定各构件和部品的尺寸位置和边界条件,满足设计、生产与安装等要求。

遵循模数协调原则,保证房屋建设过程中,在功能、质量、技术和经济等方面,促进房屋建设从粗放型生产转化为集约型的协作生产。一是尺寸和安装位置各自的模数协调,二是尺寸与安装位置之间的模数协调。

模数化适用于一般民用与工业建筑,适用于建筑设计中的建筑、结构、设备、电气等工种技术文件及它们之间的尺寸协调原则。以协调各工种之间的尺寸配合,保证模数化部件和设备的应用。也适用于建筑中所采用的建筑部件或分部件(如设备、固定家具、装饰制品等)需要协调的尺寸,以提供制定建筑中各种部件、设备的尺寸协调的原则方法,指导编制建筑各功能部位的分项标准,如厨房、卫生间、隔墙、门窗、楼梯等专项模数协调标准,以制定各种分部件的尺寸、协调关系。

可以把各个预制的部件规格化、通用化,部件可适用于常规的建筑,能满足各种需求。可以进行大量定型的规模化生产。注重稳定性、安全性,降低经济成本。通用部件具有互换能力,互换时不受其材料、外形或生产方式的影响,可促进市场的竞争和部件生产水平的提高,适合工业化大生产,简化现场作业。部件的互换性有各种各样的内容,包括:年限互换、材料互换、式样互换、安装互换等,实现部件互换的主要条件是确定部件的尺寸和边界条件,使安装部位和被安装部位达到尺寸间的配合。

涉及年限互换主要指因为功能和使用要求发生改变,要对空间进行改造利用,或者某些部件已经达到使用年限,需要用新的部件进行更换。建筑的模数协调工作涉及各行各业,涉及的部件种类很多,需要各方面共同遵守各项协调原则,制定各种部件或分部件的协调尺寸和约束条件。

部件的尺寸对部件的安装有着重要的意义。在指定领域中,部件基准面之间的距离,可采用标志尺寸、制作尺寸和实际尺寸来表示,对应着部件的基准面、制作面和实际面。部件预先假设的制作完毕后的面,称为制作面,部件实际制作完成的面称为实际面。

（2）功能模块。

模块化是工业体系的设计方法,是标准化形式的一种。模块是构成系统的单元,也是一种能够独立存在的、由一组零件组装而成的部件级单元。它可以组合成一个系统,也可以作为一个单元从系统中拆卸、取出和更替。

装配整体式建筑平面与空间设计宜采用模块化方法,可在模数协调的基础上以建筑单元或套型等为单位进行设计。设计宜结合功能需求,优先选用大空间布置方式;应满足工业化生产的要求,平面宜简单规整,将设备空间集中布置,结合功能和管线要求合理确定管道井的位置。设备管线的布置应集中紧凑,合理使用空间。竖向管线等宜集中设置,集中管井宜设置在共用空间部位。模块化设计原理的基础就是建筑的功能分区,在功能分区的基础上进行模块设计。如框架建筑的功能属性不同,势必产生不同形式的功能分区,进而产生不同的模块形态和整体建筑形态。

建筑的标准模块主要包括楼梯、卫生间、楼板、墙板、管井、使用空间等。模块化设计能够将预制产品进行成系列的设计,形成鲜明的套系感和空间特征,具有系列化、标准化、模数化和多样化的特点,利于设计作品系列化开发;标准化的组件,使得产品可以进行高效率的流水生产,节省开发和生产成本;各模块间存在着特定的模数化的数字关系,可以组合成需要的多样化的形态模式。各个模块之间具有通用关系,模块单体在不同的情况下可能充当不同的角色,形成不同套系的部品、部件以及标准房型等。

系列化的建筑部品是同一系列的产品，具有相同功能、相同原理方案、基本相同的加工工艺的特点。不同尺寸的部品系列产品之间的相应尺寸参数、性能指标应具有一定的相似性，重复越多对工业化的批量生产越有利，同时也越能大幅降低成本。

（3）集成化设计。

集成化设计就是装配整体式建筑应按照建筑、结构、设备和内装一体化设计原则，应以集成化的建筑体系和构件部品为基础进行综合设计。建筑内装设计与建筑结构、机电设备系统有机配合，是形成高性能品质建筑的关键。在装配整体式建筑中还应充分考虑装配式结构的特点，利用信息化技术手段实现各专业间的协同配合设计。

装配整体式建筑应通过集成化设计实现集成技术应用，如建筑结构与部品部件装配集成技术，建筑结构与机电设备一体化设计，采用管线与结构分离等系统集成技术，机电设备管线系统采用集中布置，管线及点位预留、预埋到位的集成化技术等。装配整体式建筑集成化设计有利于技术系统的整合优化，有利于施工建造工法的相互衔接，有利于提高生产效率、建筑质量和性能。

传统建筑内装方式不仅对建筑结构体造成破坏，也成为装配整体式建筑的发展瓶颈。采用建筑内装体、管线设备与建筑结构体分离的方式已成为提高建筑寿命、保障建筑的品质和产品灵活适应性的有效途径。装配整体式建筑从建筑工业化生产方式出发，结合工业化建造的特征，做好建筑设计、构件生产、装配施工、运营维护等综合性集成化设计。

建筑信息模型技术是装配整体式建筑建造过程的重要手段，通过信息数据平台管理系统，将设计、生产、施工、物流和运营管理等各环节连接为一体化管理，共享信息数据、资源协同、组织决策管理系统。对提高工程建设各阶段、各专业之间的协同配合、效率和质量，以及一体化管理水平具有重要作用。

在装配整体式建筑的前期策划中，可使用 BIM 软件进行建模。以确保构件及部品信息的正确性和完整性，有利于装配整体式建筑全过程的精确设计。通过使用 BIM 技术可以为方案设计提供各种建筑性能分析，如日照分析、风环境分析、采光分析、噪声分析、温度分析、景观可视度分析等，有利于装配集成技术的选择与确定，结合 BIM 应用，对建筑中主体构件与部品的拆分，提高构件和部品的标准性、通用性，并合理控制建设成本等。

在初步设计和施工图设计中，BIM 数据模型可保证数据的收集和计算得出准确的预制率，最终通过模型生成的图纸能确保其图纸的正确性。在构件加工阶段，BIM 信息传递的准确性和实效性使得构件达到精确生产。BIM 可以模拟施工过程，起到指导施工、控制施工进度的作用。

4. 结构设计基本规定

装配式结构的平面布置应符合下列规定：平面形状宜简单、规则、对称，质量、刚度分布宜均匀；不应采用严重不规则的平面布置；平面长度不宜过长采用；平面突出部分的长度不宜过大、宽度不宜过小采用；平面不宜采用角部重叠或细腰形平面布置。

装配式结构竖向布置应连续、均匀，应避免抗侧力结构的侧向刚度和承载力沿竖向徐变，并应符合现行国家标准《建筑抗震设计规范》（GB 50011—2010）的有关规定。

抗震设计的高层装配整体式结构，当其房屋高度、规则性、结构类型等超过上述规定或者抗震设防标准有特殊要求时，可按现行行业标准《高层建筑混凝土结构技术规程》（JGJ 3—2010）的有关规定进行结构抗震性能设计。

装配式结构构件及节点应进行承载能力极限状态及正常使用极限状态设计，并应符合现行国家标准《混凝土结构设计规范》（GB 50010—2010，2015 年版）、《建筑抗震设计规范》（GB 50011—2010）和《混凝土结构工程施工规范》（GB 50666—2011）等的有关规定。

抗震设计时，构件及节点的承载力抗震调整系数应按表 3-1 采用；当仅考虑竖向地震作用组合时，承载力抗震调整系数应取 1.0。预埋件锚筋截面计算的承载力抗震调整系数应取 1.0。

表 3-1  构件及节点承载力抗震调整系数

| 构件类别 | 正截面承载力计算 | | | | | 斜截面承载力计算 | 受冲切承载力计算、接缝受剪承载力计算 |
| | 受弯构件 | 偏心受压构件 | | 偏心受拉构件 | 剪力墙 | 各类构件及框架节点 | |
| | | 轴压比小 0.15 | 轴压比大 0.15 | | | | |
| γRE | 0.75 | 0.75 | 0.8 | 0.8 | 0.85 | 0.85 | 0.85 |

预制构件节点及接缝处后浇混凝土强度等级不应低于预制构件的混凝土强度等级;多层剪力墙结构中墙板水平接缝用砂浆材料的强度等级值应大于被连接构件的混凝土强度等级值。预埋件和连接件等外露金属件应按不同环境类别进行封闭或防腐、防锈、防火处理,并应符合耐久性要求。

在各种设计状况下,装配整体式结构可采用与现浇混凝土结构相同的方法进行结构分析。当同一层内既有预制又有现浇抗侧力构件时,地震设计状况下宜对现浇抗侧力构件在地震作用下的弯矩和剪力进行适当放大。装配整体式结构承载能力极限状态及正常使用极限状态的作用效应分析可采用弹性方法。在结构内力与位移计算时,对现浇楼盖、整体式楼板和叠合层板(装配整体式层板),均可假定楼盖在其自身平面内为无限刚性;楼面梁的刚度可计入翼缘作用予以增大。

## 三、前期技术策划

在项目前期策划中,应根据建筑产业化目标、技术水平和施工能力以及经济性等要求确定适宜的预制率。预制率在装配整体式建筑中是比较重要的控制性指标。

装配式混凝土结构的建筑设计,应在满足建筑使用功能的前提下,实现功能单元的标准化设计,以提高构件与部品的重复使用率,有利于降低造价。

装配式混凝土结构的建设过程中,需要建设、设计、生产、施工和管理等单位精心配合、协同工作。在方案设计阶段之前,应增加前期技术策划阶段。为配合预制构件的生产加工,应增加预制构件深化设计图纸的设计内容。

前期技术策划对项目的实施起到了十分重要的作用,设计单位应充分了解项目定位、建设规模、产业化目标、成本限额、外部条件等影响因素,制定合理的建筑设计方案,提高预制构件的标准化程度,并与建设单位共同确定技术实施方案,为设计工作提供依据。

建筑方案设计应根据技术策划要点,做好平面设计和立面设计。平面设计在保证满足使用功能的基础上,遵循"少规格、多组合"的设计原则,实现功能单元设计的标准化与系列化;立面设计宜考虑构件生产加工的可能性,根据装配式的建造特点,实现立面设计的个性化和多样化。

装配式混凝土结构的深化设计是生产前重要的准备工作之一,由于工作量大、图纸多、牵涉专业多，一般由建筑设计单位或专业的第三方单位进行预制构件深化设计。

　　建筑专业应按照建筑结构特点和预制构件生产工艺的要求，将建筑物拆分为独立的构件单元，如图 3-1 所示。根据工程需要，充分考虑预制构件的重量和尺寸，综合考虑项目所在地区构件的加工能力及运输、吊装等条件，为构件加工图设计提供预制构件尺寸控制图。

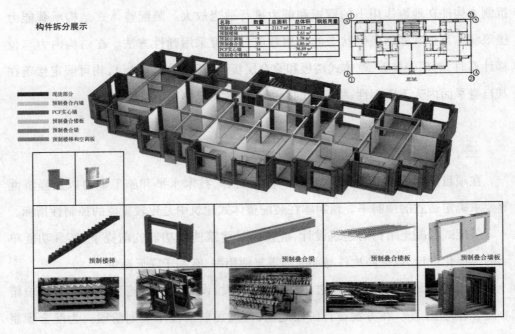

**图 3-1　独立的构件拆分**

　　建筑设计可采用 BIM 技术，协同完成各专业的设计内容，提高设计精度。预制构件的设计应遵循标准化、模数化原则，尽量减少构件类型，提高构件标准化程度，降低工程造价。对于开洞多、异形、降板等复杂部位，可进行具体设计。

## 四、建筑工程施工图

　　建筑施工图设计应遵循当地施工条件的要求，结合现行国家设计规范进行设计，达到施工图设计深度。预制构件生产企业应参与施工图图纸会审，并提出相关意见。

### 五、预制混凝土构件深化设计图

在将预制混凝土构件拆分成相互独立的预制构件后,在以后的设计过程中应重点考虑构件的连接构造、水电管线的预埋、门窗及其他埋件的预埋、吊装及施工必需的预埋件、预留孔洞等。同时,要考虑方便模具加工和构件生产效率、现场施工吊运能力限制等因素。一般每个预制构件都要绘制独立的构件模板图、配筋图、预留预埋件图,对复杂情况需要制作三维视图。

# 第二节　装配式混凝土结构设计技术要点

## 一、基本要求

(1)装配整体式混凝土建筑应进行标准化、定型化设计。

1)装配整体式混凝土建筑应进行标准化设计,实现设计项目的定型化,提高基本单元、构件、建筑部品的重复使用率,以满足工业化生产的要求。

2)标准化设计应结合本地区的自然条件和技术经济的发展水平。

3)项目应采用模块化设计方法,建立适用于本地区的户型模块、单元模块和建筑功能模块,符合少规格、多组合的要求。

(2)标准层组合平面、基本户型设计要点应符合下列要求。

1)宜采用大空间的平面布局方式,合理布置承重墙及管井位置。在满足住宅基本功能的基础上,实现空间的灵活性和可变性。公共空间及户内各功能空间分区明确、布局合理。

2)主体结构布置宜简单、规则,承重墙体上、下对应贯通,平面凹凸变化不宜过多、过深。平面体型符合结构设计的基本原则和要求。

3)住宅平面设计应考虑卫生间、厨房及其设施、设备布置的标准化以及合理性,竖向管线宜集中设置管井,并宜优先采用集成式卫生间和厨房。

（3）预制构件的标准化设计应符合下列要求。

1）预制梁、预制柱、预制外承重墙板、内承重墙板、外挂墙板等在单体建筑中规格少,在同类型构件中具有一定的重复使用率。

2）预制楼板、预制楼梯、预制内隔墙板等在单体建筑中规格少,在同类构件中具有一定的重复使用率。

3）外窗、集成式卫生间、整体橱柜、储物间等室内建筑部品在单体建筑中重复使用率高,并采用标准化接口、工厂化生产、装配化施工。

4）构件设计应综合考虑对装配化施工的安装调节和施工偏差配合的要求。

（4）非承重的预制外墙板、内墙板应与主体结构可靠连接,接缝处理应满足保温、防水、防火、隔声的要求。

（5）预制外墙挂板的接缝及门窗洞口等防水薄弱部位宜采用材料防水和构造防水相结合的做法,并应符合下列规定。

1）墙板水平缝宜采用高低缝或企口缝构造。

2）墙板竖缝可采用平口或槽口构造。

3）当板缝空腔需设置导水管排水时,板缝内侧应增设气密条密封构造。

4）缝内采用聚乙烯等背衬材料填塞后用耐候性密封胶密封。

（6）预制外墙的接缝（包括屋面女儿墙、阳台、勒脚等处的竖缝、水平缝、十字缝以及窗口处）应根据工程特点和自然条件等,确定防水设防要求,进行防水设计。垂直缝宜选用结构防水与材料防水结合的两道防水构造,水平缝宜选用构造防水与材料防水结合的两道防水构造。

（7）外墙板接缝处的密封胶应选用耐候性密封胶,与混凝土具有相容性,并具有低温柔性、防霉性及耐水性等材料性能。其最大伸缩变形量、剪切变形性能应满足设计要求。

# 二、结构设计

## （一）装配式混凝土结构的施工方法

（1）装配式混凝土结构应以湿式连接为主要技术基础,采用预制构件与部分部位的现浇混凝土以及节点区的后浇混凝土相结合的方式。

竖向承重预制构件的受力钢筋的连接应采用钢筋套筒灌浆连接技术,实现节点设计强接缝、弱构件的原则,使装配式混凝土结构具有与现浇混凝土结构完全等同的整体性、稳定性和延性。

(2)装配式混凝土结构现浇混凝土部位以及节点区后浇混凝土的设置要求,应符合现行行业标准《装配式混凝土结构技术规程》(JGJ 1—2014)的相关规定。

### (二)装配式混凝土结构的结构布置

(1)结构在平面和竖向不应有明显的薄弱部位,且应避免结构和构件出现较大的扭转效应。

(2)高层装配式混凝土结构不宜采用整层转换的设计方案,当采用部分结构转换时,应符合下列规定。

1)部分框支剪力墙结构底部的框支层不宜超过 2 层,框支层以下及相邻上一层应采用现浇结构,且现浇结构的高度不应小于房屋高度的 1/10。

2)转换柱、转换梁及周边楼盖结构宜采用现浇。

(3)装配式混凝土结构中的预制框架柱和预制墙板构件的水平接缝处不宜出现全截面受拉应力。

(4)装配式混凝土结构楼梯布置宜采用简支连接的预制楼梯,预制楼梯可采用板式和梁式楼梯。

### (三)装配式混凝土结构的结构分析与短暂设计状况验算

1.结构整体分析

(1)等同现浇的整体分析:装配式混凝土结构在满足现行行业标准《装配式混凝土结构技术规程》(JGJ 1—2014)的相关规定时,可采用与现浇混凝土结构相同的方法进行结构分析,进行抗震设计时还应符合下列要求。

1)装配式混凝土结构及其预制结构构件的连接应按现行行业标准《高层建筑混凝土结构技术规程》(JGJ 3—2010)和《全国民用建筑工程设计技术措施:结构(混凝土结构)》的有关规定进行结构抗震性能设计。

2)当同层内既有预制又有现浇抗侧力构件时,地震设计状况下宜对现浇抗侧力构件在地震作用下的弯矩和剪力进行适当放大。装配式混凝土剪力墙结构的增大系数不宜小于 1.1。

3)在结构内力与位移计算时,对现浇楼盖和叠合层板(装配整体式层板)均可假定楼盖在其自身平面内为无限刚性。楼面梁的刚度可计入翼缘作用予以增大。

4）预制混凝土外墙挂板及其与主体结构的连接节点应进行抗震设计，并应根据与主体结构的连接方式确定其对结构分析的影响。采用两点支承等柔性连接方式时，外挂墙板可按附加荷载考虑。

（2）多层剪力墙结构的弹性方法结构分析如下。

1）现行行业标准《装配式混凝土结构技术规程》（JGJ 1—2014）第9章所述多层装配式剪力墙结构，是参照原行业标准《装配式大板居住建筑设计和施工规程》（JGJ 1—2014）的相关节点构造，在高层装配整体式剪力墙基础上进行简化的一种主要用于多层建筑的装配式结构。

2）多层装配式剪力墙结构由于其简化了节点构造，使结构并不与现浇结构等同；计算分析时，可采用弹性方法进行结构分析，但应按结构实际情况建立分析模型。

2. 叠合层板（装配整体式层板）结构设计

叠合层板（装配整体式层板）设计除满足现行国家标准的有关规定外，还应符合下列要求。

（1）叠合层板（装配整体式层板）可采用单向板、双向板的设计方案。

（2）叠合层板（装配整体式层板）的预制底板可设置拼缝，也可采用密缝拼接的做法。当采用密缝拼接的做法时，拼缝处应采取控制板缝的可靠措施。

（3）叠合层板（装配整体式层板）设计中，板的跨厚应适当小于现浇楼板。

（4）叠合层板（装配整体式层板）采用预制预应力底板时，应采取控制反拱的可靠措施。

3. 预制构件在制作、运输和堆放、安装等阶段的短暂设计状况验算

预制构件在制作、运输和堆放、安装等阶段的短暂设计状况应符合现行国家标准《混凝土结构工程施工规范》（GB 50666—2011）和《装配式混凝土结构技术规程》（JGJ 1—2014）的有关规定。当有可靠的生产和施工经验时，可对动力系数、脱模吸附力和计算方法进行适当调整。

**（四）预制混凝土构件的设计要求**

（1）在前期策划阶段，应考虑运输、安装等条件对预制构件的限制，这些限制包括以下几项。

1）重量（人行道和桥的等级）。

2）高度(桥、隧道和地下通道的净高)。

3）长度(车辆的机动性和相关法律)。

4）宽度(许可、护航要求和相关法律)。

5）自行式起重机的能力。

6）场地存放的条件。

(2)预制构件的尺寸宜按下述规定采用。

1）预制框架柱的高度尺寸宜按建筑层高确定。

2）预制梁的长度尺寸宜按轴网尺寸确定。

3）预制剪力墙板的高度尺寸宜按建筑层高确定,宽度尺寸宜按建筑开间和进深尺寸确定。

4）预制楼板的长宽尺寸宜按轴网或建筑开间、进深尺寸确定,宽度尺寸不宜大于2.7 m。

(3)预制构件的钢筋构造设计应符合下列原则。

1）提高预制构件连接效率。

2）满足钢筋准确定位的要求。

3）提高钢筋骨架的机械化加工和安装水平。

4）便于模具的加工、安装和拆卸。

5）便于施工现场的安装操作。

### （五）预制混凝土构件的选择

预制构件截面类型的选择可按下列原则采用。

(1)预制剪力墙板宜采用一字形的一维构件,当有可靠的设计经验和预制构件的生产、施工经验时,也可采用 L 形、T 形、U 形和 Z 形等多维构件。

(2)预制框架梁、柱可采用一字形的一维构件,当有可靠的设计经验和预制构件的生产、施工经验时,也可采用框架梁、柱与节点一体的 T 形、十字形等多维构件。

(3)框架柱可采用预制柱身和预制柱模的做法。

### （六）预制混凝土构件的连接设计

(1)装配式混凝土结构中的预制构件及其连接应根据标准化和模数协调的原则,采用标准化的预制构件和连接构造。

(2)装配式混凝土结构的预制构件连接设计,应保证被连接的受力钢筋的连续性。节点构造易于传递拉力、压力、剪力、弯矩和扭矩,传力路线简捷、清晰,结构分析模型与工程实际节点构造设计保持一致,并应符合下列要求。

1）预制柱、预制剪力墙板和预制楼板等构件的接缝处结合面宜优选混凝土粗糙面的做法。预制梁侧面应设置键槽,且宜同时设置粗糙面,键槽的尺寸和数量应满足受剪承载力的要求。

2）装配式混凝土结构中,节点及接缝处的纵向钢筋连接宜根据接头受力、施工工艺等要求选用套筒灌浆连接、机械连接、浆锚搭接连接、焊接连接、绑扎搭接连接等连接方式,并应符合现行国家有关标准的规定。

3）预制构件竖向受力钢筋的连接,宜优先选用套筒灌浆连接接头,并应符合现行行业标准《装配式混凝土结构技术规程》（JGJ 1—2014）和《钢筋套筒灌浆连接应用技术规程》（JGJ 355—2015）的有关规定。

4）预制框架柱和预制剪力墙板边缘构件的纵向受力钢筋在同一截面采用100%连接时,钢筋接头的性能应满足现行行业标准《钢筋机械连接通用技术规程》（JGJ 107—2016）中Ⅰ级接头的要求。

# 三、装修与设备系统设计

## （一）建筑室内外装修设计

(1)建筑室内外装修设计应与建筑、结构设计同步进行,并实现建筑设计与室内装修设计一体化。

(2)建筑室内外装修设计应与预制构件深化设计紧密联系,各种预埋件、连接件、接口设计应准确到位、清晰合理。

(3)建筑室内外装修设计应采用工业化生产的标准构配件,墙、地面块材的铺装应保证施工现场减少二次加工和湿作业。

(4)建筑室内外装修的部件之间、部件与设备之间的连接应采用标准化接口。各构件、部品与主体结构之间的尺寸匹配、协调,应提前预留、预埋接口,易于装修工程的装配化施工。

(5)内隔墙应选用易于安装、拆卸且保温、隔声性能良好的隔墙板,灵活分割室内空间,连接构造牢固、可靠。

### （二）建筑设备系统设计

（1）室内设施和水、暖、电气等设备系统应与主体结构构件生产、施工装配协调配合，连接部位应提前预留接口、孔洞，便于安装。

（2）在装配式混凝土结构的预制墙体设计中，对预制墙体上设置的各种电气开关、插座、弱电插座及其必要的接线盒、连接管线等进行预留。

（3）建筑设备管线应进行综合设计，减少平面交叉；竖向管线宜集中布置，并满足维修更换的要求。

（4）竖向电气管线应预先设置在预制隔墙板内，墙板内竖向电气管线的布置应保持安全距离。

（5）隔墙内预留有电气设施时，应采取有效措施满足隔声及防火要求，对分户墙两侧暗装的电气设备不应连通设置。

（6）设备管线穿过预制楼板的部位，应采取防水、防火、隔声等措施，并与预制构件上的预埋件可靠连接。

（7）叠合楼板的建筑设备管线布线宜结合楼板的现浇层或建筑垫层统一设计。

（8）需要降板的房间（包括卫生间、厨房）的位置及降板范围，应结合结构的板跨、设备管线等因素进行设计，并为房间的可变性留有余地。

# 第三节　装配式结构工程施工图设计的深度要求

## 一、建筑专业施工图设计深度要求

（1）建筑专业施工图设计文件应包括以下几项。

1）建筑专业图纸目录。

2）建筑专业设计总说明。

3）建筑总体布置类设计图。

4）建筑平、立、剖面设计图。

5）建筑大样设计图。

6）建筑专业计算书。

（2）建筑专业图纸目录：先列新绘制的图纸，后列所选用的标准图纸或重复利用的图纸。

（3）建筑设计总说明的内容一般应包括以下几项。

1）设计依据（依据性文件的名称、文号、日期）。

2）项目概况（可采用列表形式说明）。

3）设计范围与设计分工。

4）设计坐标与高程系统、单位、图例。

5）基本说明与要求。

6）建筑施工放线要求。

7）无障碍设计。

8）建筑做法说明。

9）门窗数量一览表、门窗立面大样图。

10）建筑防火设计专篇。

11）绿色建筑设计专篇（含居住建筑节能设计表、公共建筑节能设计登记表、计算书）。

12）人防设计专篇（没有人防要求的工程项目可以无此项目）。

13）噪声控制设计（没有噪声控制要求的工程项目可以无此项目）。

14）采用新技术、新材料的做法说明或特殊要求的做法说明。

15）有关专业设计项目的特殊说明。

16）其他需要说明的问题。

17）施工注意事项。

18）建筑设计计算书。

（4）建筑总体布置类设计图应包括以下几项。

1）总平面定位图。

2）防火分区示意图。

3）轴网定位图（大型、复杂建筑宜绘制）。

4）组合平面图。

（5）建筑平、立、剖面设计图，主要表示房屋的总体布局、内外形状、大小、构造等。其具体表达形式如下。

1）各层平面图（地下至屋面按标高自下而上排列），具体可以分为：

①底层平面图。

②楼层平面图。

③屋面层平面图。

2）立面图是表达建筑物各个方向外形轮廓的投影图，具体要求如下。

①每一立面图应绘注两端的轴线号，如①～⑨立面图，④～⑤立面图（立面圆弧形及转折复杂时可用展开立面表示），并应绘制转角处的轴线号，正东、正南、正西、正北向的立面可直接按方向命名（如东立面图、南立面图）。

②应把投影方向可见的建筑外轮廓、门窗、阳台、雨篷、线脚等绘出。

③立面图上应绘出平面图无法表示清楚的窗、进排气口等，并标注尺寸及标高，还应绘出附墙水落管和爬梯等。

④标注立面图尺寸。

⑤外墙身详图的剖线索引号。

⑥外装修用料、颜色、立面分格。

⑦幕墙立面图应绘制出立面分格线、材料、窗及开启扇、门等，应表示出幕墙完成面的尺寸，标注与围护结构（结构墙、砌块填充墙等）之间的尺寸关系。

⑧建筑物尺度较大导致基本立面图比例过小，需要分段表达，或者建筑立面细部复杂，需绘制立面详图以作为外墙身大样的补充时，应绘制立面详图。

⑨立面详图应绘出全部结构和装饰构件、线脚和分格线，标注其尺寸及定位。

3）剖面图绘制应表达以下内容。

①剖切到或可见的主要结构和建筑构造部件等可见的内容。

②高度尺寸。

③标高。

④节点构造详图索引号。

⑤若建筑物空间局部不同，以及平面、立面均表达不清，可绘制局部剖面。

（6）建筑大样设计图。施工图设计大样图应表示建筑各部位的建筑构造及实体定量的问题，要能够指导施工和设备安装。除平、立、剖面图外，还应绘制详图，详图表示各个部位的用料、做法、形式、大小尺寸、细部构造等。有些详图还应和结构、设备、电气等专业密切配合,以避免专业矛盾。

1)墙身大样图。内外墙、屋面等节点,绘出不同构造层次,表达节能设计内容,标注各材料名称及具体技术要求,注明细部和厚度尺寸等,墙身详图一般应表达墙身基础、勒脚墙、门窗口立樘及洞口构造、楼板、阳台、女儿墙、挑檐屋面等构造,并表示建筑节能的要求。

2)平面局部放大图(客房、病房、住宅户型、卫生间等)。一般与设备、电气专业有关的,诸如厕浴、厨房、水泵房、冷冻机房、变配电室等,应绘制放大平面、剖面和相关的地沟、水池、配电隔间、玻璃隔断、墙和顶棚吸声构造等详图。

3)楼梯、电梯、自动扶梯大样图。详图应注明相关的轴线和轴线编号,以及细部尺寸、设施的布置和定位、相互的构造关系和具体技术要求等,并标注梯段、休息平台、尺寸和标高,各梯段步数和尺寸,表示上下方向、扶手、栏杆(板)、踏步、梯段侧面、板底装修等做法索引。

①电梯应绘标准层井道平面和机房层平面,机房楼板留洞先暂按业主选定的样本预留。同时,应绘出厅门立面及留洞图。电梯剖面要绘出梯井坑道、不同层高的楼层和机房层的剖面,机房顶板上预埋吊钩及荷载,井道墙上轨道预埋件。消防电梯要绘坑底排水和集水坑。

②自动扶梯(含自动人行道)平立剖面宜按1:50绘制,包括起始层平面、标准层平面和顶层平面,将起始层、底坑和标准层、顶层的梯井平面绘注清楚。剖面图应根据各层层高和扶梯速度、角度及厂家型号绘出。底坑宜做成与下层封闭式,以利于防火分隔。

## 二、结构专业施工图设计深度要求

(1)结构专业施工图设计文件应包括以下几项。

1)结构专业图纸目录。

2)结构专业设计总说明。

3)基础结构设计平面图、基础设计详图。

4)上部结构设计平面图。

5）结构构件设计详图。

6）结构专业计算书。

（2）结构专业图纸目录：先列新绘制图纸，后列所选用的标准图纸或重复利用的图纸。

（3）结构设计总说明的内容一般包括以下几项。

1）结构工程概况。

2）建筑物设计时取用的设计等级与自然条件。

3）设计依据。

4）结构分析所采用的计算程序（名称、版本和编制方）。

5）各单体建筑物的结构使用或荷载以及其他需要说明的荷载。

6）基础方案及设计要求。

7）结构材料。

8）对超长结构材料的做法和要求。

9）对结构抗震措施、抗震构造及其他构造要求的统一说明。

10）施工中应遵循的施工验收规范和注意事项。

11）特殊结构对施工的特殊要求、对施工质量的要求、对检验或检测等的要求。

12）其他说明。

（4）基础结构设计平面图（桩基础平面图）、桩基础结构设计平面图、基础设计详图（桩大样图）。

（5）钢筋混凝土柱平法施工图。

1）标明柱的平面位置。绘出定位轴线、框架柱的尺寸、定位、编号、比例尺。可在柱布置平面图之外，单独画出柱子大样。也可以采用全列表方式（柱名、不同标高段尺寸、配筋绘制在同一张表格上）绘制柱大样。有条件时可抽出箍筋表示其形状。

2）当在1：100的平面图上采用原位标注方式绘制柱子大样时，所绘柱大样可采用1：50的比例。应绘出定位轴线、框架柱的尺寸、定位、编号、纵筋、箍筋。有条件时可抽出箍筋表示其形状。

3）当个别柱子层高与图名不一致时，可表示出其范围并单独加以说明。

4）绘出层高表，按照平法标准图的要求用粗线表示出柱子所在楼层。必要时，可表示上下不同楼层处构件的混凝土强度等级。

5）其他需要在柱子图上绘制的构件或大样，如牛腿、埋件等，也可绘制在相应楼层的平面图处。

（6）混凝土剪力墙平法施工图。

1）标明混凝土墙的平面位置。绘出定位轴线、墙的尺寸、定位、墙上洞口尺寸。

2）注明墙体及边缘构件的编号、约束边缘构件长度 L、连梁编号。

3）墙体、边缘构件、连梁大样可在平面图外列表或单独画出。

4）在平面图上可采用 1∶50 的比例尺原位标注的方式绘制墙体大样。

5）个别墙体标高与图名不一致时，可表示出其范围并单独加以说明。

6）绘出层高表，并且按照平法标准图的要求用粗线表示出柱子所在楼层，标示出底部加强部位高度和约束边缘构件高度。必要时，可表示上下不同楼层处构件的混凝土强度等级。

7）连梁可采用列表方式绘制。标示清楚连梁编号、所在楼层、跨度、断面尺寸、标高和配筋。需设置斜向钢筋的连梁大样也应一并表示。

8）其他需要与混凝土墙一起表示的构件（如框—剪结构中的暗梁等）。

9）砌体结构工程中，当在梁板平面图上绘制墙体或柱表示不清时，可按照以上原则单独绘制承重墙体与柱子平面图。

（7）钢筋混凝土梁平法施工图。

1）钢筋混凝土梁平法施工图应绘出并标明定位轴线及结构构件（包括梁、板、柱、承重墙、支撑、砌体结构的抗震构造柱、变形缝等）的平面位置。

2）钢筋混凝土梁平法施工图应注明梁的编号、尺寸、配筋。

3）钢筋混凝土梁平法施工图应绘出电梯间、楼梯间、坡道和通道的结构平面布置。

4）梁顶标高变化较大时可单独拉出，通过说明表示出不同梁顶的不同标高。

5）斜梁、变截面梁、异形柱等异形构件，均须绘制详图。

6）需要在梁平法图中表示的其他内容可一并表示（如部分小梁的配筋、附加箍筋和吊筋钩等）。

7）钢筋混凝土梁平法施工图中应该按照平法施工图的要求绘制层高表，表明所在楼层位置。必要时，可表示上下不同楼层处构件的混凝土强度等级。

8）绘制梁板平法施工图时，各部位非顶层柱在平面图上涂黑表示。顶层柱以粗线表示,内部不涂黑。

9)屋面女儿墙较高需要布置特殊构件或女儿墙较复杂时,应单独绘制女儿墙及女儿墙构造柱的位置、编号及详图。

(8)钢筋混凝土楼板平法施工图。

1)钢筋混凝土楼板平法施工图应绘出并标明定位轴线及结构构件(包括梁、板、柱、承重墙、支撑、砌体结构的抗震构造柱、变形缝等)的平面位置。

2)注明楼板的编号、厚度、配筋、标高。应绘出电梯间、楼梯间(可绘制斜线注明编号与索引详图号)、坡道和通道的结构平面布置。

3)当有后浇带时,应表示后浇带的尺寸和平面位置。

4)楼板标高变化较多时,可采用不同的填充图案表示不同位置的标高,也可采用小剖面的形式表示不同标高。

5)结构找坡时,应标注楼板的坡度、坡向、坡的起点和终点处的板面标高。

6)楼板配筋可采用平法标准图中使用的办法绘制。开间较小使得钢筋表示困难时,提倡对钢筋进行编号。

7)负弯矩钢筋长度应按照制图标准绘制尺寸线,也可仅标注负弯矩钢筋长度尺寸,但必须在图纸的底部绘制大样,表示清楚所注长度的含义。

8)采用预制板时,应注明跨度方向、板号、数量和排列方法。

9)楼板平法施工图应表示出预留洞口的大小与位置、典型设备(如水箱)的位置及重量,并表示板的配筋和洞边的加强措施。当预留孔、埋件、设备基础复杂时亦可另绘详图。

(9)楼梯、预埋件、构筑物和局部结构详图。

1)楼梯详图应表示每层楼梯结构平面布置及楼梯整体剖面图,注明结构构件尺寸(包括踏步、楼梯梁、楼梯柱、承重墙等)及其定位尺寸、构件代号、结构标高(包括各休息板)。

2)钢筋混凝土楼梯应表明楼梯休息板、踏步板和楼梯梁的配筋,绘制配筋详图。

3)对形状简单、规则的钢筋混凝土楼梯,在满足所需表达内容全面和清楚的前提下,可用列表法或"平面表示法"绘制。

4)预埋件详图应绘出其平面、侧面,注明尺寸、钢材和锚筋的规格、型号、性能、焊接要求。

5)坡道和通道等局部结构详图,构筑物的详图,如水池、水箱、挡土墙、工作平台等,均宜单独绘图,应绘出平面、特征部位剖面及配筋,注明定位关系、尺寸、标高、材料品种和规格、型号、性能。

(10)钢筋混凝土构件和节点详图。

1)预制钢筋混凝土构件详图应绘出构件模板图和配筋图,构件简单时两者可合为一张图。详图应按下列要求绘制。

①构件模板图应表示模板尺寸、轴线关系、预留洞和预埋件编号、位置、尺寸、必要的标高等,后张预应力构件尚需表示预留孔道的定位尺寸、张拉端、锚固端等。

②构件配筋图,纵剖面应表示钢筋形式、箍筋直径与间距(配筋复杂时宜将非预应力筋分离绘出);横剖面应注明断面尺寸、钢筋规格、位置、数量等。

2)预制装配式结构的节点、梁、柱与墙体锚拉等详图应绘出平面、剖面,注明相互定位关系、构件代号、连接材料、附加钢筋(或埋件)的规格、型号、性能、数量,并说明连接方法以及施工安装、后浇混凝土的有关要求等。

3)需要时应补充必要的所需附加说明和对施工安装等的有关要求。

## 三、各专业间协同设计的要求

### (一)结构专业与其他专业的协同设计要求

应向其他专业提供各楼层结构布置平面图(包括结构构件的尺寸、位置和标高),必要时提供反映构件相对位置的主要剖面详图。

(1)应配合其他专业预留穿地下室外墙的防水套管。结构施工图应说明没有绘制的那部分预留管线和洞口的预留要求,以及施工时与相关专业配合的要求。应与建筑和其他专业共同确定较大设备的运输路线和预留孔洞。

(2)应配合其他专业完成设备基础、混凝土水池、管沟等构筑物,以及电缆夹层和建筑内大型支吊架的设计。

(3)应配合电气专业在图纸中说明接地处所利用的结构基础钢筋的规格及连接要求。

(4)应配合其他专业设计结构构件上的主要预埋件,并对其他专业可能影响构件承载力的做法提出控制要求,如在结构钢构件上焊接挂件等。

### （二）给水排水专业与其他专业的协同设计要求

（1）给水排水专业应与建筑和结构专业进行下列配合。

1）向建筑专业提供消火栓的位置及尺寸。

2）当建筑专业进行灭火器布置时，提供灭火器的种类、规格、最大间距和数量。

3）与建筑专业配合确定屋面雨水溢流口的位置，提供溢流口面积。

4）配合管道综合确定吊顶标高、管井尺寸等，提供吊顶、管井等检修孔位置、尺寸。

5）配合精装修时，提供自动喷水灭火系统喷头在吊顶上的布置尺寸。

（2）向结构专业提供下列留洞资料。

1）较大尺寸管道穿楼板及混凝土墙的预留洞口的位置、尺寸、高度。

2）穿梁、柱等基础结构的主要受力部位和地下室外墙以及穿人防板、墙的管道预埋套管或密闭套管的位置、管径、高度。

3）向结构专业提供大型较重设备和管道的运行重量。

4）与建筑和结构专业共同确定较大设备的运输路线和预留孔洞。

5）提供需结构专业完成的设备基础、混凝土水池、地下集水坑等构筑物的设计资料。

（3）给水排水专业应向电气专业提供电动设备位置及其用电量、消火栓位置、电动信号阀、报警阀位置，提供自动监控资料的要求。

### （三）暖通空调专业与其他专业的协同设计要求

（1）暖通空调专业应与建筑和结构专业进行下列配合。

建筑专业提供管井、吊顶、管沟等检修孔位置、尺寸及外墙风口预留洞位置和尺寸，以及配合管道综合确定吊顶标高、管井尺寸等。必要时，还应提供风口在吊顶上的布置尺寸。

（2）向结构专业提供下列留洞资料。

1）较大尺寸管道穿楼板及混凝土墙的预留洞口的位置、尺寸、高度。

2）穿梁、柱等基础结构的主要受力部位和地下室外墙以及穿人防板、墙的管道和风道预埋套管或密闭套管的位置、管径、高度。

3）向结构专业提供大型较重设备和管道的运行重量。

4)与建筑和结构专业共同确定较大设备的运输路线和预留孔洞。

5)提供结构专业所需的设备基础、混凝土水池、管沟等构筑物和大型支吊架设计资料。

(3)暖通空调专业应与给排水和电气专业进行下列配合。

1)应向给排水和电气专业提供吊顶上设备检修孔及风口的位置、尺寸。

2)应向电气专业提供电动设备的位置及其用电量,提供电动(或信号、报警等)水阀、电动风阀位置,提供自动监控资料的要求。

# 第四节　装配式混凝土结构工程设计文件编制的深度要求

## 一、基本要求

为体现装配整体式建筑的优势,切实做到节能减排、降低建造成本,在规划设计和方案设计过程中就需要结合装配整体式建筑的特点。

(1)在满足使用功能的条件下,建筑平面设计应尽量方正,各开间尺寸尽量统一。贯彻户型模块化、标准化、精细化的基本原则,且可根据户型比例及排布要求灵活组合,以适应不同场地、不同项目的需要。

户内空间布局尽量方正、紧凑,设计注重套型的采光、通风,空间分配合理,内隔墙应采用可灵活分割的轻质条板墙,提高套型的可变性,满足不同家庭和不同年代的生活需求。

(2)建筑立面设计应在满足时代性、地域性、大众性的条件下,充分结合装配整体式建筑的特点,确保建筑的经济性,达到环境、使用、经济的和谐统一。

## 二、建筑专业

1.总平面设计

增加工程建设项目的工程位置图,阐明工程建设项目基底所在的区域位置。

2. 设计说明

在设计总说明中增加装配整体式建筑专项设计说明,该说明应包括以下部分:

(1)装配整体式建筑设计概况:注明该装配整体式建筑应用的层数及范围。

(2)增加装配整体式建筑技术配置表,表格内容可参考《装配式混凝土结构住宅建筑设计示例(剪力墙结构)》(15J939—1)第 4 页。

3. 建筑做法说明

(1)增加预制外墙的构造做法,注明其外墙饰面做法,如预制外墙反打面砖、石材、涂料等。

(2)卫生间等有楼面降板要求的房间,其做法要充分考虑叠合楼板的特点,调整楼板板底标高及建筑做法。

(3)增加预制内墙的构造做法。砌块墙需考虑其与预制墙之间的连接和抹灰做法,做好预留预埋。

4. 建筑设计

(1)总体要求。

(2)标准化设计:明确装配整体式建筑的特点,并进行主要预制构件的统计。

(3)建筑集成技术设计:阐明预制构件预留预埋的情况。

(4)对预制外墙、内墙、叠合板(装配整体式楼板)、楼梯等部位分别增加技术要点说明。

(5)针对预制复合外墙板等装配式构件的采用,完善建筑节能设计专篇的相关内容。

5. 平面图

(1)应体现装配式墙板。根据其厚度和现浇段位置,调整好空调管、雨水管等预留洞的位置。

(2)应参照行业标准图的规定,统一图例样式表示不同的装配式构件,使图面一目了然。

(3)预制构件与预制构件之间尽量通过现浇段来连接,以避免裂缝并消除安装误差。

6. 立面图和剖面图

(1)立面图应体现预制装配式构件划分的水平缝、垂直缝以及装饰缝,且应体现出外立面饰面材质及颜色。

(2)剖面图应体现装配式外墙、楼梯的构造特点及窗户固定位置。

(3)剖面图均应表达出预制部分与现浇部分的分界位置。

(4)当预制外墙为反打面砖或石材时,应提供立面排砖图,并落实到施工图设计中。

7.户型大样图

(1)各种预留孔洞均应定位并注明其大小,如雨水管、空调管、冷凝水管、太阳能管、厨房和卫生间的烟气道等。

(2)增加设备点位综合详图(可不包含卫生间和厨房),对设备电气进行精确定位,该详图用于对建筑内装修和机电设备管线进行综合全装修设计,以使得室内功能和空间系统合理、方便适用,也可避免各种错漏碰缺。其可作为构件加工图设计的提资条件,需各个专业共同完成。

(3)由于卫生间、厨房设备电气比较复杂,因而详图比例适当放大,对设备电气进行精确定位,并注明其预留预埋大小。

(4)采用整体式卫浴的建筑,需厂家提前介入并提供相应资料,各专业配合进行结构降板、预留预埋等相关设计。

8.楼梯大样图

(1)楼梯大样图中应体现梯梁的位置、尺寸,并注明预制梯段的部位(可填充灰色块)。

(2)增加连接节点做法详图。

9.墙身节点详图

(1)增加通用节点详图,如预制构件水平缝、垂直缝防水节点、窗上口、窗下口节点等。

(2)表达预制构件与现浇构件的关系(预制构件可采用填充灰色块来表示),表达构件连接、预埋件、防水层、保温层等交接关系和构造做法。

10.构件尺寸控制图

表达预制构件的各细部尺寸、洞口位置及排砖方案,用作结构专业深化构件加工的条件。

## 三、结构专业

结构施工图设计内容可分为施工图设计和预制构件制作详图设计两个内容。装配式混凝土剪力墙结构可参照国家标准设计图集《装配式混凝土结构表示方法及示例(剪力墙结构)》(15G107—1)。其主要内容包括以下几项。

(1)装配整体式结构设计专项说明(工程概况、设计依据、选用图集、材料、单体预制率计算、节点构造、制作、运输、安装、施工、验收等方面加以说明)。

(2)施工图设计部分:该设计阶段应完成装配式结构的整体计算分析、结构构件的平立面、结构构件的截面和配筋设计、节点连接构造设计等。其内容包括以下几项。

1)预制构件平面布置图,含内外墙板编号及定位尺寸、预制构件拼缝位置、叠合梁编号等,具体表示方法参见国家标准设计图集《装配式混凝土结构表示方法及示例(剪力墙结构)》(15G107—1)。

2)预制构件与现浇构件竖向连接部位连接套筒钢筋甩筋平面布置图。

3)预制构件与后浇混凝土节点布置图,后浇混凝土暗柱节点大样图。

4)预制底板平面布置图,含预制底板制作说明、桁架叠合板(装配整体式楼板)布置方向等。

(3)预制构件详图制作部分。该设计阶段应综合建筑、结构和设备等专业的施工图以及制作、运输、堆放、施工等环节的要求进行构件深化设计。其内容包括以下几项。

1)预制底板大样图。包括底板各个方向模板图(含预留预埋洞口标示、灯具、烟感预埋)、配筋详图、细部详图、钢筋桁架详图等,在大样图右上角注明符合建委统一要求的构件二维码。

2)预制外墙、内墙大样图。包括构件模板图、配筋图和预埋件布置图等构件加工图,含构件各方向模板图、剖面图、配筋图、配件表、钢筋下料表、混凝土用量、构件自重等,同时,在大样图右上角注明符合统一要求的构件二维码、楼面局部位置定位等相关内容。复杂构件宜提供构件立面三维透视图。具体表示方法参见国家标准设计图集《预制混凝土剪力墙外墙板》(15G365—1)、《预制混凝土剪力墙内墙板》(15G365—2)。

3)预制阳台、空调板、女儿墙等大样图。包括构件模板图、配筋图和预埋件布置图等构件加工图，含构件各方向模板图、剖面图、配筋图、配件表、钢筋下料表、混凝土用量、构件自重等，同时，在大样图右上角注明符合建委统一要求的构件二维码、楼面局部位置定位等相关内容。复杂构件宜提供构件立面三维透视图。

4)预制楼梯大样图。包括梯板制作详图及安装大样节点图，同时，在大样图右上角注明符合建委统一要求的构件二维码。具体表示方法参见国家标准设计图集《预制钢筋混凝土板式楼梯》(15G367—1)。

5)预制构件连接节点大样图。具体表示方法参见国家标准设计图集《装配式混凝土结构连接节点构造》(15G310)。

6)对建筑、设备、电气、精装修等专业在预制构件上的预留洞口、预埋管线、预埋件和连接件等进行综合设计，必要时提供大样详图。

(4)计算书部分。结构计算书除结构整体计算信息(总信息、周期)以及梁板墙柱配筋文件外，还应增加预制构件与后浇混凝土节点承载力验算、较大内力处施工缝验算、预制构件施工吊装验算、构件临时支撑验算等内容。

## 四、暖通专业

### 1.设计说明

(1)简述工程建设的地点、规模、使用功能、层数、建筑高度等，说明采用装配式的各建筑单体及预制混凝土构件的分布情况。

(2)列出设计依据，说明设计范围，采用装配式结构时本专业须遵守的其他法规与标准。

(3)管材、接口、敷设方式及施工要求。管材材质及接口方式，预留孔洞、沟槽的做法要求，预埋套管、管道的安装方式。设备管线穿过预制构件部位采取的防水、防火、隔声、保温等措施。

### 2.平面图

(1)在平面图中应注明管线的预留孔洞、沟槽、套管、设备、配件安装预埋件等的定位尺寸、标高及大小。

(2)平面表达不清楚的部位，需绘制管线、设备、配件的节点大样图。

3.制作详图

(1)预留孔洞、沟槽等的标高、定位尺寸等及构件间预埋管线需贯通的连接方式。

(2)复杂的安装节点应给出剖面图。

## 五、给水排水专业

1.设计说明

(1)简述工程建设的地点、规模、使用功能、层数、建筑高度等,说明采用装配式的各建筑单体及预制混凝土构件的分布情况。

(2)列出设计依据,说明设计范围,采用装配式结构时本专业需遵守的其他法规与标准。

(3)管材、接口、敷设方式及施工要求。

1)明确管材材质及接口方式,预留孔洞、沟槽的做法要求,预埋套管、管道的安装方式。

2)明确给排水管道、管件及附件等设置在预制构件或装饰墙面内的位置。

3)明确给排水管道、管件及附件在预制构件中预留孔洞、沟槽、预埋管线等的部位。

4)明确管道穿过预制构件时应采取的措施、管道接头的要求及施工说明、注意事项(保证排水管的坡向及坡度等)。

5)明确卫生间的排水形式。

2.平面图

(1)在平面图中应注明管线的预留孔洞、沟槽、套管、设备、配件安装预埋件等的定位尺寸、标高及大小。

(2)平面表达不清楚的部位,需绘制管线、设备、配件的节点大样图。

3.制作详图

(1)预留孔洞、沟槽等的标高、定位尺寸等及构件间预埋管线需贯通的连接方式。

(2)复杂的安装节点应给出剖面图。

# 六、电气专业

1. 设计说明

(1)采用装配式的各建筑单体及预制混凝土构件的分布情况。

(2)采用装配式结构时本专业需遵守的其他法规与标准。

(3)采用装配整体式建筑时需要补充的设计要求。

(4)明确电气预埋箱、盒及管线等设置在预制构件或装饰墙面内。

(5)描述电气专业在预制构件中预留孔洞、沟槽,预埋管线等的部位,若文字表述不清,可以用图纸形式表示。

(6)线敷设方式及施工要求,预留孔洞、沟槽的做法要求,预埋管线的安装方式及构件间预埋管线需贯通的连接方式。

(7)墙内预留有电气设备时,应采取的隔声及防火措施,设备管线穿过预制构件部位采取的防水、防火、隔声、保温等措施。

(8)预制构件中防雷装置的连接要求及相关说明。当采用装配整体式建筑时,应说明引下线的设置方式及确保有效接地所采取的措施。

2. 平面图

(1)应在预制构件布置图上注明预制构件中预留孔洞、沟槽及预埋管线等的部位。

(2)预制构件中预埋的电气设备(箱体、插座、接线盒等)应定位。

(3)户内箱与弱电箱宜分开布置,进行室内管线综合设计。

(4)暗敷的电气管路宜采用利于交叉敷设的难燃可挠管材。

3. 制作详图

(1)预留孔洞、沟槽等的标高、定位尺寸等及构件间预埋管线需贯通的连接方式。

(2)复杂的安装节点应给出剖面图。

# 第五节　装配式混凝土预制构件深化设计制图

## 一、预制构件深化设计图

### （一）预制构件模板图

预制构件模板图是控制预制构件外轮廓形状尺寸和预制构件各组成部分形状尺寸的图纸，由构件立面图、俯视图、侧视图、仰视图、剖面图等组成。通过预制构件模板图，可以将预制构件外叶板、内叶板、保温板的三维外轮廓尺寸以及洞口尺寸等表达清楚。其可作为绘制预制构件配筋图、预制构件预留预埋件图的依据，也可以为绘制预制构件模具加工图提供依据。

### （二）预制构件配筋图

在预制构件模板图的基础上，可以绘制预制构件配筋图。预制构件的配筋既要满足结构整体受力分析中的受力工况，也要满足预制构件在制造过程中的脱模、吊装、运输、安装和临时支撑等工况的受力。在综合各种受力工况的前提下，计算出预制构件的配筋，最后绘制出预制构件配筋图。

### （三）预制构件预留、预埋图

预制构件在制造前必须按照施工图设计图纸的要求进行水电、门窗的预留和预埋，必须考虑预制构件在制造和运输过程中脱模、吊装、运输时所使用的预埋吊件。

在预制构件模板图的基础上，水电、建筑等专业可以根据本专业的设计情况绘制预留、预埋图，负责构件制造、施工与安装的人员也可以绘制构件的预留孔和预埋件图。综合以上情况，就可以绘制出最终的预留、预埋图。

### （四）预制构件模具设计图

模具设计图由机械设计工程师根据拆解的构件单元设计图进行模具设计，模具多数为组合台式钢模具，模具应具有足够的刚度和精度，既要方便组合以保证生产效率，又要便于构件成型后的拆模和构件翻身。图纸一般包括平台制作图、边模制作图、零配件图、模具组合图，复杂模具还包括总体或局部的三维图纸。

"模具是制造业之母",模具的好坏直接决定了构件产品质量的好坏和生产安装的质量和效率。预制构件模具的制造关键是"精度",包括尺寸的误差精度、焊接工艺水平、模具边楞的打磨光滑程度等,模具组合后应严格按照要求涂刷脱模剂或水洗剂。预制构件的质量和精度是保证建筑质量的基础,也是预制装配整体式建筑施工的关键工序之一。

## 二、预制构件深化设计图举例

1. 预制构件设计的基本内容

(1)对持久设计状况,应对预制构件进行承载力、变形、裂缝控制验算。

(2)对地震设计状况,应对预制构件进行承载力验算。

(3)对制作、运输和堆放、安装等短暂设计状况下的预制构件验算,应符合现行国家标准《混凝土结构工程施工规范》(GB 50666—2011)的有关规定。

2. 预制构件在翻转、运输、吊运、安装等工况施工验算

应将构件自重标准值乘以动力系数后作为等效静力荷载标准值。预制构件进行脱模验算时,等效静力荷载标准值应取构件自重标准值乘以动力系数与脱模吸附力之和,且不宜小于构件自重标准值的1.5倍。动力系数与脱模吸附力应符合下列规定:

(1)构件运输、吊运时,动力系数宜取1.5;构件翻转及安装过程中就位、临时固定时,动力系数可取1.2。

(2)构件脱模时,动力系数不宜小于1.2,脱模吸附力应根据构件或模具的实际状况取用,且不宜小于1.5 kN/m²。

(3)当有可靠经验时,动力系数和脱模吸附力可根据实际受力状况和安全情况适当增减。

# 第四章

# 装配整体式混凝土结构

# 第一节　装配整体式混凝土结构的主要材料

预制混凝土构件中常用的材料和配件主要包括混凝土、钢筋、保温材料、拉结件、预埋螺栓、吊钉、灌浆套筒、线盒等。

装配整体式混凝土结构的主要材料包括钢筋、型钢、混凝土、连接材料等。

## 一、钢筋

### 1. 钢筋的概念与特点

钢筋是指钢筋混凝土用和预应力钢筋混凝土用钢材，其横截面为圆形，有时为带有圆角的方形。其包括光圆钢筋、带肋钢筋和扭转钢筋。钢筋混凝土用钢筋是指钢筋混凝土配筋用的直条或盘条状钢材，交货状态为直条和盘圆两种。

钢筋自身具有较好的抗拉、抗压强度，同时与混凝土之间具有很好的握裹力。因此，两者结合形成的钢筋混凝土，既充分发挥了混凝土的抗压强度，又充分发挥了钢筋的抗拉强度，是一种耐久性、防火性很好的结构受力材料。

装配整体式结构中，钢筋的各项力学性能指标均应符合现行国家标准《混凝土结构设计规范（2015 年版）》（GB 50010—2010）的规定，其中采用套筒灌浆连接和浆锚搭接连接的钢筋应采用热轧带肋钢筋。其屈服强度标准值不应大于 500 MPa，极限强度标准值不应大于 630 MPa。

预制混凝土构件用钢筋应符合现行国家标准《钢筋混凝土用钢第 1 部分：热轧光圆钢筋》（GB/T 1499.1—2017）、《钢筋混凝土用钢第 2 部分：热轧带肋钢筋》（GB/T 1499.2—2018）、《冷轧带肋钢筋》（GB/T 13788—2017）等的有关规定，并应符合以下要求：

（1）受力钢筋宜使用屈服强度标准值为 400 MPa 和 500 MPa 的热轧钢筋。

（2）进场钢筋应按规定进行见证取样检测，检验合格后方可使用。

（3）钢筋进场应按批次的级别、品种、直径和外形分类码放，并注明产地、规格、品种和质量检验状态等。

（4）预制混凝土构件用钢筋应具备质量证明文件，并应符合设计要求。

（5）预制混凝土构件中的钢筋焊接网应符合现行国家标准《钢筋混凝土用钢第3部分：钢筋焊接网》（GB/T 1499.3—2010）的有关规定。

2. 钢筋的种类

钢筋的种类有很多，通常按化学成分、生产工艺、轧制外形、供应形式、直径大小，以及在结构中的用途进行分类。钢筋的分类见表4-1。

表4-1　钢筋的分类

| 序号 | 分类方式 | 类别 | 适用范围 |
|---|---|---|---|
| 1 | 轧制外形 | 光圆钢筋 | HPB 300 级钢筋均轧制为光面圆形截面,供应形式有盘圆,直径不大于 10 mm,长度为 6~12 m |
|  |  | 带肋钢筋 | 有螺旋形、人字形和月牙形三种,一般 HRB 335、HRBF 335、HRB 400、HRBF 400 级钢筋轧制成人字形,HRB 500、HRBF 500 级钢筋轧制成螺旋形及月牙形 |
|  |  | 钢线 | 分低碳钢丝和碳素钢丝两种及钢绞线 |
|  |  | 冷轧扭钢筋 | 经冷轧并冷扭成型 |
| 2 | 直径大小 | 钢丝 | 直径 3~5 mm |
|  |  | 细钢筋 | 直径 6~10 mm |
|  |  | 粗钢筋 | 直径大于 22 mm |
| 3 | 强度等级 | HRB 300 级钢筋 | 300/420 级 |
|  |  | HRB 335 级钢筋 | 335/455 级 |
|  |  | HRB 400 级钢筋 | 400/540 级 |
|  |  | HRB 500 级钢筋 | 500/630 级 |
| 4 | 生产工艺 | 热轧、冷轧、冷拉的钢筋,还有以 HRB 500、HRBF 500 级钢筋经热处理而成热处理钢筋,强度比前者更高 | |
| 5 | 在结构中的用途 | 受压钢筋、受拉钢筋、架立钢筋、分布钢筋、箍筋等 | |

3. 钢筋的加工与制备

（1）钢筋的加工。钢筋加工制作时，要将钢筋加工表与设计图复核，检查下料表是否有错误和遗漏，对每种钢筋要按下料表检查是否达到要求，经过这两道检查后，再按下料表放出实样，试制合格后方可成批制作。

（2）成品钢筋加工的尺寸控制。制作中如需要钢筋代换时，必须充分了解设计意图和代换材料性能，严格遵守现行钢筋混凝土设计规范的各种规定，并不得以等面积的高强度钢筋代换低强度的钢筋。凡重要部位的钢筋代换，须征得甲方、设计单位同意，并有书面通知时方可代换。钢筋加工一般要经过钢筋除锈、钢筋调直、钢筋切断、钢筋成型四道工序。

1）钢筋表面应洁净，黏着的油污、泥土、浮锈使用前必须清理干净，可结合冷拉工艺除锈。

2）钢筋调直，可用机械或人工调直。经调直后的钢筋不得有局部弯曲、死弯、小波浪形，其表面伤痕不应使钢筋截面减小5%。

3）钢筋切断应根据钢筋号、直径、长度和数量，长短搭配，先断长料后断短料，尽量减少和缩短钢筋短头，以节约钢材。

4）钢筋弯钩或弯曲。

①钢筋弯钩。钢筋弯钩的形式有三种，分别为半圆弯钩、直弯钩及斜弯钩。钢筋弯曲后，弯曲处内皮收缩、外皮延伸、轴线长度不变，弯曲处形成圆弧，弯起后尺寸大于下料尺寸，应考虑弯曲调整值。

钢筋弯心直径为$2.5d$，平直部分为$3d$。钢筋弯钩增加长度的理论计算值：对半圆弯钩为$6.25d$，对直弯钩为$3.5d$，对斜弯钩为$4.9d$。

②弯起钢筋。中间部位弯折处的弯曲直径$D$不小于钢筋直径的5倍。

③箍筋。箍筋的末端应作弯钩，弯钩形式应符合设计要求。箍筋调整，即为弯钩增加长度和弯曲调整值两项之差或和，根据箍筋量外包尺寸或内包尺寸而定。

④钢筋下料长度应根据构件尺寸、混凝土保护层厚度、钢筋弯曲调整值和弯钩增加长度等规定综合考虑。

A. 直钢筋下料长度 = 构件长度 − 保护层厚度 + 弯钩增加长度

B. 弯起钢筋下料长度 = 直段长度 + 斜弯长度 − 弯曲调整值 + 弯钩增加长度

C. 箍筋下料长度 = 箍筋内周长 + 箍筋调整值 + 弯钩增加长度

⑤在钢筋加工过程中，应随时进行尺寸的检查，当不符合要求时，随时停止作业进行修改，以满足规范和制作要求。

（3）钢筋的常规加工方法及注意事项。

1）钢筋的除锈。

①加工方法。钢筋均应清除油污和锤打能剥落的浮皮、铁锈。大量除锈可通过钢筋冷拉或钢筋调直机调直过程完成；少量的钢筋除锈可采用电动除锈机或喷砂方法除锈，钢筋局部除锈可采取人工用钢丝刷或砂轮等方法进行。

②注意事项及质量要求。如除锈后钢筋表面有严重的麻坑、斑点等，已伤蚀截面时，应降级使用或剔除不用，带有蜂窝状锈迹的钢筋不得使用。

2）钢筋的调直。

①加工方法。对局部曲折、弯曲或成盘的钢筋应加以调直。钢筋调直普遍使用卷扬机拉直和用调直机调直（图4-1）。在缺乏设备时，可采用弯曲机、平直锤或人工锤击矫直粗钢筋和用绞磨拉直细钢筋。

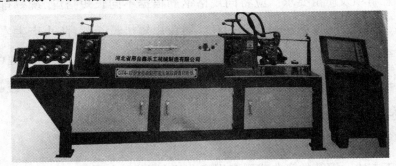

图 4-1　钢筋调直机

②注意事项及质量要求。HRB 400、HRBF 400、HRB 500、HRBF 500 级钢筋及不准采用冷拉钢筋的结构不宜大于 1%。用调直机调直钢筋和用锤击法平直粗钢筋时，表面伤痕不应使截面面积减少 5% 以上。调直后的钢筋应平直、无局部曲折，冷拔低碳钢筋表面不得有明显擦伤。要注意：冷拔低碳钢筋经调直机调直后，其抗拉强度一般应降低 10% ~ 15%，使用前应加强检查，按调直后的抗拉强度选用。

3）钢筋的切割。

①加工方法。钢筋弯曲成型前，应根据配料表要求长度分别截断，通常宜用钢筋切断机（图4-2）进行。在缺乏设备时，可用断丝钳（剪断钢丝）、手动液压切断（切断不大于 $\phi16$ mm 钢筋），对 $\phi40$ mm 以上的钢筋可用氧乙炔焰切割。

**图 4-2 钢筋切断机**

②注意事项及质量要求。应将同规格钢筋根据不同长短搭配、统筹排料,一般先断长料,后断短料,以减少短头和损耗。避免用短尺量长料,防止产生累计误差,应在工作台上标出尺寸、刻度,并设置控制断料尺寸用的挡板。切断过程中如发现劈裂、缩头或严重的弯头等,必须切除。切断后,钢筋断口不得有马蹄形或起弯等现象,钢筋长度偏差不应小于 ±10 mm。

4)钢筋的弯曲成型。

①加工方法。钢筋的弯曲成型多用弯曲机(图 4-3 和图 4-4)进行,在缺乏设备或少量钢筋加工时,可用手工弯曲成型,系在成型台上用手摇扳子,每次弯 4~8 根 $\phi 8$ mm 以下钢筋。或用扳柱铁扳和扳子,可弯 43 mm 以下钢筋,当弯直径为 $\phi 28$ mm 以下钢筋时,可用两个扳柱加不同厚度钢套,钢筋扳子口直径应比钢筋直径大 2 mm。曲线钢筋成型,可在原钢筋弯曲机的工作中央放置一个十字架和钢套,另在工作盘的四个孔内插上短轴和成型钢套与中央钢套相切,钢套尺寸根据钢筋曲线形状选用,成型时钢套起顶弯作用,十字架则协助推进。螺旋形钢筋成型,小直径可用手摇滚筒,较粗( $\phi 16 \sim \phi 30$ mm)钢筋,可在钢筋弯曲机的工作盘上安设一个型钢制成的加工圆盘,盘外直径相当于需加工螺旋筋(或圆箍筋)的内径,插孔相当于弯曲机扳柱间距,使用时将钢筋一头固定,即可按一般钢筋弯曲加工方法弯成所需的螺旋形钢筋。

图 4-3 小型钢筋弯曲机　　　　　　　　图 4-4 大型钢筋弯曲机

②注意事项及质量要求。钢筋弯曲时,应将各弯曲点的位置画出,画线尺寸应根据不同弯曲角度和钢筋直径扣除钢筋弯曲调整值。画线应在工作台上进行,如无画线台而直接以尺度量画线时,应使用长度适当的木尺,不宜用短尺(木折尺)接量,以防发生差错。第一根钢筋弯曲成型后,应与配料表进行复核,符合要求后再成批加工。成型后的钢筋要求形状正确,平面上无凹曲,弯点处无裂缝。其尺寸允许偏差为:全长 ±10 mm,弯起钢筋起弯点位移 20 mm,弯起钢筋的起弯高度 ±5 mm。

(4)锚固。锚固全称为钢筋机械锚固板,是为减少钢筋锚固长度或避免钢筋弯曲锚固而采取的一种机械锚固端部接头,主要用于梁或柱端部钢筋的锚固,如图 4-5 所示。其使用方法按现行行业标准《钢筋锚固板应用技术规程》(JGJ 256—2011)所规定的要求。

图 4-5 钢筋锚固端头

（5）钢筋网片。钢筋焊接网（图4-6）的制作及使用应满足现行行业标准《钢筋焊接网混凝土结构技术规程》（JGJ 114—2014）中的各项规定和要求。

（6）钢筋桁架。钢筋桁架（图4-7）通常也称为桁架钢筋,钢筋桁架在钢结构中使用较多,通常用于钢筋桁架楼承板,桁架钢筋的制作及在预制混凝土构件中的使用应满足现行行业标准《装配式混凝土结构技术规程》（JGJ 1—2014）中的各项规定和要求。钢筋桁架的加工设备目前以奥地利的 EVG 公司的技术最为先进,国内知名的钢筋桁架生产线制造商有天津市建科机械制造有限公司、广州市裕丰建筑工程机械制造有限公司、无锡威华电焊机制造有限公司。

图4-6　钢筋网片

图4-7　钢筋桁架

（7）成品钢筋的堆放与标识。

1）成品钢筋的堆放:将加工成型的钢筋分区、分部、分层、分段和构件名称按号码顺序堆放,同部位钢筋或同一构件应堆放在一起,保证制作方便。

2）钢筋标识:钢筋原材料及成品钢筋堆放场地必须设有明显标识牌,成品钢筋标识牌上应注明使用部位、钢筋规格、钢筋简图、加工制作人及受检状态。

## 二、型钢

型钢是一种有一定截面形状和尺寸的条形钢材。按照钢的冶炼质量不同,型钢分为普通型钢和优质型钢。

普通型钢按照其断面形状又可分为工字钢、槽钢、角钢、圆钢等。

型钢可以在工厂直接热轧而成,或者采用钢板切割、焊接而成。

型钢的材料要求:装配整体式结构中,钢材的各项性能指标均应符合现行国家标准《钢结构设计规范》（GB 50017—2017）的规定。型钢钢材宜采用 Q235 等级 B、C、D 的碳素结构钢及 Q345 等级 B、C、D、E 的低合金高强度结构钢。

## 三、混凝土

### （一）混凝土的概念

混凝土简称砼，是指由胶凝材料、骨料和水（或不加水）按适当的比例配合，经搅拌制成混合物的工程复合材料的统称。通常说的混凝土是指用水泥作胶凝材料，用砂、石作集料，与水（可含外加剂和掺合料）按一定比例配合，经搅拌而得的水泥混凝土，也称普通混凝土。它是由水泥、粗集料（碎石或卵石）、细集料（砂）、外加剂和水混合，经一定时间硬化而成的人造石材。在装配整体式混凝土结构中混凝土主要用于制作预制混凝土构件和现场后浇。

砂、石在混凝土中起骨架作用，并抑制水泥的收缩；水泥和水形成水泥浆，包裹在粗细集料表面并填充集料间的空隙。水泥浆体在硬化前起润滑作用，使混凝土拌合物具有良好的工作性能，硬化后将集料胶结在一起，形成坚强的整体。

### （二）混凝土对原材料的要求

（1）水泥宜选用普通硅酸盐水泥或硅酸盐水泥，质量应符合现行国家标准《通用硅酸盐水泥》（GB 175—2020）的有关规定。

（2）砂宜选用细度模数为 2.3～3.0 的天然砂或机制砂，质量应符合现行行业标准《普通混凝土用砂、石质量及检验方法标准》（JGJ 52—2006）的有关规定，不得使用海砂或特细砂。

（3）石子应根据预制构件的尺寸选取相应粒径的连续级配碎石，质量应符合现行行业标准《普通混凝土用砂、石质量及检验方法标准》（JGJ 52—2006）的有关规定。

（4）外加剂品种和掺量应通过试验室进行试配后确定，质量应符合现行国家标准《混凝土外加剂》（GB 8076—2008）的有关规定，宜选用聚羧酸系高性能减水剂。

（5）粉煤灰应符合现行国家标准《用于水泥和混凝土中的粉煤灰》（GB/T 1596—2017）中的 I 级或 II 级各项技术性能及质量指标。

（6）矿粉应符合现行国家标准《用于水泥和混凝土中的粒化高炉矿渣粉》（GB/T 18046—2017）中的 S95 级、S105 级各项技术性能及质量指标。

（7）轻集料应符合现行国家标准《轻集料及其试验方法第 1 部分：轻集料》（GB/T 17431.1—2010）的有关规定，最大粒径不宜大于 20 mm。

（8）拌合用水应符合现行行业标准《混凝土用水标准》（JGJ 63—2006）的有关规定。

（9）采用再生集料时，应符合现行国家标准《混凝土和砂浆用再生细骨料》（GB/T 25176—2010）、《混凝土用再生粗骨料》（GB/T 25177—2010）和现行行业标准《再生骨料应用技术规程》（JGJ/T 240—2011）的有关规定。

装配整体式结构中，混凝土的各项力学性能指标和有关结构耐久性的要求应符合现行国家标准《混凝土结构设计规范（2015 年版）》（GB 50010—2010）的规定。预制构件的混凝土强度等级不宜低于 C30，预制预应力构件的混凝土强度等级不宜低于 C40，且不应低于 C30；现浇混凝土的强度等级不应低于 C25。

### （三）混凝土原材料的存放、试验、标识要求

（1）水泥和掺合料应分别存放在筒仓内，并且不得混仓，存储时，应保持密封、干燥，防止受潮。

（2）砂、石按不同品种、规格分别存放，并且有防混料、防尘、防雨和排水措施。

（3）外加剂应按品种分别存放，并有防止沉淀等措施。

（4）砂、石等集料按照相关标准进行复检试验，经检测合格后方可使用。

（5）进场水泥、外加剂、掺合料等原材料应有产品合格证等质量证明文件，并按照相关标准进行复检试验，经检测合格后方可使用。

（6）原材料应分类存储，并应设有明显标识，标识应注明材料的名称、产地（厂家）、等级、规格和检验状态等信息。

### （四）混凝土的基本要求

（1）混凝土配合比设计应符合现行行业标准《普通混凝土配合比设计规程》（JGJ 55—2011）的有关规定，并应符合设计文件和合同要求。混凝土配合比宜有必要的技术说明，包括生产时的调整要求。

（2）混凝土中的氯化物和碱总量应符合现行国家标准《混凝土结构设计规范

（2015 年版）》（GB 50010—2010）的有关规定和设计文件的要求。

（3）混凝土生产设备和计量装置应符合相关标准的规定和生产要求,计量装置在校准周期内,应按照下列规定进行静态计量检查。

1）正常生产时,每季度不得少于一次。

2）停产时间一个月以上（含一个月）,重新生产前。

3）混凝土质量出现异常时。

### （五）混凝土的制备

1.混凝土搅拌前的准备工作

（1）材料与主要机具。

1）材料:根据生产需求备好各种生产需要的原材料,并到原材料堆场实地查看原材料状态,通知铲车班给指定仓位上料。如果对原材料情况有异议,及时通知试验室,由试验室进行抽检,最终根据试验室意见进行使用。

2）主要机具:混凝土搅拌机、电子计量设备等。生产前,检查主机设备是否运行正常,各种计量秤是否准确。确认无误后,方可准备生产。

（2）作业条件。

1）试验室已下达混凝土配合比通知单,严格按照配合比进行生产任务,如有原材料变化,以试验室的配合比变更通知单为准,严禁私自更改配合比。

2）所有的原材料经检查,全部应符合配合比通知单所提出的要求。

3）搅拌机及其配套的设备应运转灵活、安全可靠。电源及配电系统应符合要求,安全可靠。

4）所有计量器具必须有检定的有效期标识。计量器具灵敏可靠,并按制作配合比设专人定磅。

5）新下达的混凝土配合比,应进行开盘鉴定。开盘鉴定的工作已进行并应符合要求。

2.混凝土制备工艺

（1）准备工作。

校对制作配合比;对所用原材料的规格、品种、产地（厂家）、牌号及质量进行检查,并与制作配合比进行核对;对砂、石的含水率进行检查,如有变化,及时通知试验人员调整用水量。一切检查符合要求后,方可开盘拌制混凝土。

(2)物料计量。

1)砂、石计量:采用自动上料,需调整好斗门关闭的提前量,以保证计量准确。砂、石计量的允许偏差应≤±2%。

2)水泥计量:搅拌时采用散装水泥的,应每盘精确计量。水泥计量的允许偏差应≤±1%。

3)外加剂及混合料计量:使用液态外加剂,为防止沉淀应随用随搅拌。外加剂计量的允许偏差应≤±1%。

4)水计量:水必须盘盘计量。水计量的允许偏差应≤±1%。

(3)上料程序。

现场拌制混凝土,一般是计量好的原材料先汇集在上料斗中,经上料斗进入搅拌主机。水及液态外加剂经计量后,在往搅拌主机中进料的同时,直接进入搅拌主机。

(4)第一盘混凝土拌制的操作。

1)每次上班拌制第一盘混凝土时,先加水使搅拌筒空转数分钟,搅拌筒被充分湿润后,将剩余积水倒净。

2)搅拌第一盘时,由于砂浆粘筒壁而损失,因此,根据试验室提供的砂石含水率及配合比配料,每班第一盘料需增加水泥10 kg、砂20 kg。

3)从第二盘开始,按给定的配合比投料。

(5)搅拌时间控制。

混凝土搅拌时间以60~120 s为佳。冬期制作时搅拌时间应取常温搅拌时间的1.5倍。

(6)出料的外观及时间。

出料前,在观察口目测拌合物的外观质量,保证混凝土应搅拌均匀,颜色一致,具有良好的和易性。每盘混凝土拌合物必须出尽,下料时间为20 s。

（7）混凝土拌制的检查及技术要求。

混凝土拌制的检查及技术要求见表 4-2。

表 4-2　混凝土拌制的检查及技术要求

| 项目 | 技术要求 | 检验方案 | | 检验方法 |
|---|---|---|---|---|
| | | 检验员 | 操作者 | |
| 称量误差值 | 水泥、掺合料、外加剂≤1%　砂、石，水≤2% | 日常巡检抽检≥1 次/周 | 自检 | 目测标准砝码 |
| 混凝土配方 | 见混凝土配合比 | 巡检 | 自检 | 目测 |
| 搅拌时间 | 见上述第三点 | 巡检 | 自检 | 目测 |
| 坍落度 | 保证坍落度 9~12 cm | 日常巡检抽检≥1 次/班 | 自检 | 目测坍落度筒 |
| 混凝土强度 | ≥C30 | 抽检≥1 次/班 | 试验室 | 试件 |

（8）冬期制作混凝土的搅拌。

1）室外日平均气温连续 5 d 稳定低于 5 ℃时，混凝土拌制应采取冬期施工措施，并应及时采取气温突然下降的防冻措施。

2）配制冬期制作的混凝土，应优先选用硅酸盐水泥或普通硅酸盐水泥，水泥强度不应低于 42.5 级，最小水泥用量不宜少于 300 kg/m³，水灰比不应大于 0.4。

3）冬期制作宜使用无氯盐类防冻剂，对抗冻性要求高的混凝土，宜使用引气剂或引气减水剂。如掺用氯盐类防冻剂，应严格控制掺量，并严格执行有关掺用氯盐类防冻剂的规定。

4）混凝土所用集料必须清洁，不得含有冰、雪等冻结物及易冻裂的矿物质。

5）混凝土拌制前，应用热水或蒸汽冲洗搅拌机，拌制时间应取常温时间的 1.5 倍。混凝土拌合物的出机温度不宜低于 10 ℃，入模温度不得低于 5 ℃。

6）冬期混凝土拌制的质量检查除遵守表 4-2 的规定外，还应进行检查，并且每个工作班至少应测量检查两次。检查内容如下。

①检查外加剂的掺量。

②测量水和外加剂溶液以及集料的加热温度和加入搅拌机的温度。

③测量混凝土自搅拌机中卸出时的温度和浇筑时的温度。

## 四、预制构件的连接

### (一)钢筋连接材料的基本要求

(1)钢筋连接用灌浆套筒宜采用优质碳素结构钢、低合金高强度结构钢、合金结构钢或球墨铸铁制造,其材料的机械和力学性能应分别符合现行相关标准;钢套筒应符合现行行业标准《钢筋连接用灌浆套筒》(JG/T 398—2019)的规定;球墨铸铁套筒应满足有关规定的要求。

(2)预制剪力墙板纵向受力钢筋连接采用螺旋箍约束间接搭接,波纹管间接搭接时,所采用的预留孔成孔工艺、孔道形状及长度、灌浆料、节点加强约束箍筋和被锚固的带肋钢筋应满足现行标准规范的要求。

(3)钢筋锚固板材料应符合现行行业标准《钢筋锚固板应用技术规程》(JGJ 256—2011)的相关规定。

(4)预制构件钢筋连接直螺纹、锥螺纹套筒及挤压套筒接头应符合现行行业标准《钢筋机械连接技术规程》(JGJ 107—2016)的有关规定。

(5)预制构件钢筋连接用预埋件、钢材、螺栓、钢筋以及焊接材料应符合现行国家标准《混凝土结构设计规范(2015 年版)》(GB 50010—2010)、《钢结构设计规范》(GB 50017—2017)和现行行业标准《钢筋焊接及验收规程》(JGJ 18—2012)等的相关规定。

(6)当预制构件采用焊接钢筋网片时,宜避免在主受力方向搭接。若必须搭接,其搭接位置应设置在受力较小处,且应满足现行行业标准《钢筋焊接网混凝土结构技术规程》(JGJ 114—2014)的有关规定。

### (二)钢筋灌浆套筒连接的发展历史和分类

装配式混凝土结构中,构件与接缝处的纵向钢筋根据接头受力、施工工艺等情况的不同,可选用钢筋套筒灌浆连接(浆锚搭接连接)、焊接连接、机械连接、绑扎连接等方式。

　　钢筋灌浆套筒连接是在金属套筒内灌注水泥基浆料,将钢筋对接连接所形成的机械连接接头。装配整体式混凝土结构的连接材料主要有钢筋连接用灌浆套筒和灌浆料。此技术的缺陷是刚性材料采用柔性材料填充不易充实。

　　钢筋灌浆套筒连接是一种因工程实践的需要和技术发展而产生的新型连接方式。该连接方式弥补了传统连接方式(焊接、机械连接、螺栓连接等)的不足,并得到了迅速的发展和应用。钢筋灌浆套筒连接是各种装配式混凝土结构的重要接头形式。

### (三)钢筋连接用灌浆套筒

　　钢筋灌浆套筒是通过水泥基灌浆料的传力作用将钢筋对接连接所用的金属套筒,通常采用铸造工艺或者机械加工工艺制造,包括全灌浆套筒和半灌浆套筒两种形式。前者两端均采用灌浆方式与钢筋连接,后者一端采用灌浆方式与钢筋连接,而另一端采用非灌浆方式与钢筋连接(通常采用螺纹连接),见图4-8。

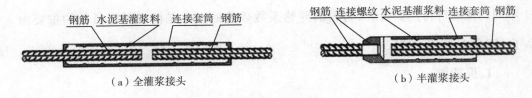

　　　　(a)全灌浆接头　　　　　　　　　　(b)半灌浆接头

**图4-8　灌浆接头示意图**

### (四)钢筋连接用灌浆套筒灌浆料

　　以水泥为基本材料,配以适当的细骨料,以及混凝土外加剂和其他材料组成的干混料,加水搅拌后具有良好的流动性、早强、高强、微膨胀等性能,填充于套筒和带肋钢筋间隙内,见图4-9。

　　(1)钢筋套筒连接接头由带肋钢筋、套筒和灌浆料三个部分组成。

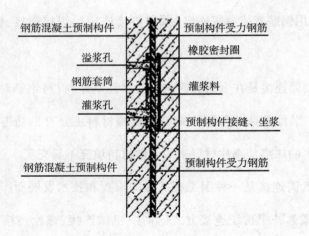

图 4-9 钢筋套筒连接示意图

（2）连接原理：带肋钢筋插入套筒，向套筒内灌注无收缩或微膨胀的水泥基灌浆料，充满套筒与钢筋之间的间隙，灌浆料硬化后与钢筋的横肋和套筒内壁凹槽或凸肋紧密齿合，钢筋连接后所受外力能够有效传递，其类似钢筋机械连接。

# 五、保温材料及外墙拉结件

## （一）保温材料的种类

保温材料依据材料性质来分类，大体可分为有机材料、无机材料和复合材料。不同的保温材料性能各异，材料的导热系数数值的大小是衡量保温材料的重要指标，寿命为 20 年左右。

1. 聚苯板

聚苯板（图 4-10）全称聚苯乙烯泡沫板，又名泡沫板或 EPS 板，是由含有挥发性液体发泡剂的可发性聚苯乙烯珠粒，经加热预发后在模具中加热成型的具有微细闭孔结构的白色固体，导热系数为 $0.035 \sim 0.052$ W/（m·K）。聚苯板的主要性能指标应符合现行国家标准《绝热用模塑聚苯乙烯泡沫塑料》（GB/T 10801.1—2018）的要求。膨胀聚苯板的吸水率与挤塑聚苯板（XPS 板）相比来说偏高，容易吸水，这是该材料的一个缺点。其保温板的吸水率对其热传导性的影响很明显，随着吸水量的增大，其导热系数也增大，保温效果也随之变差。

2. 挤塑聚苯板

挤塑聚苯板(图4-11)也是聚苯板的一种,只不过生产工艺是挤塑成型,导热系数为 0.030 W/(m·K)。挤塑聚苯板简称 XPS 板,是以聚苯乙烯树脂或其共聚物为主要成分,添加少量添加剂,通过加热挤塑成型而制得的具有闭孔结构的硬质泡沫塑料制品。挤塑聚苯板集防水和保温作用于一体,刚度大,抗压性能好,导热系数低。

3. 石墨聚苯板

石墨聚苯板(图4-12)是膨胀聚苯板的一种,是化工巨头巴斯夫公司的经典产品。在聚苯乙烯原材料里添加了红外反射剂,这种物质可以反射热辐射并将 EPS 的保温性能提高30%。同时,防火性能很容易地实现了 B2 级到 B1 级的跨越,石墨聚苯板的导热系数为 0.033 W/(m·K)。石墨聚苯板是目前所有保温材料中性价比最优的保温产品,因为聚苯板保温产品在保温领域里应用最广泛,在国内聚苯板保温体系都占有最大的市场份额。

图4-10 聚苯板

图4-11 挤塑聚苯板

图4-12 石墨聚苯板

4. 真金板

真金板(图4-13)是采用了国际先进水平的相变包裹隔热蓄能技术加工而成,并具有断热阻隔连续蜂窝状结构,经过改性处理防火性能达到 A2 级,因而是泡沫颗粒本身不会燃烧的板材。亚士创能公司研发的真金板是目前国内可以看得到的改性 EPS 最成功的一个产品,它的导热系数为 0.036 W/(m·K)。

5. 泡沫混凝土板

泡沫混凝土板(图4-14)又称发泡水泥、轻质混凝土等,是一种利废、环保、节能、低廉且具有不燃性的新型建筑节能材料,它的导热系数为 0.070 W/(m·K)。轻质混凝土(泡沫混凝土)是通过化学或物理的方式,根据应用需要将空气或氮气、二氧化碳、氧气等气体引入混凝土浆体中,经过合理养护成型而形成的含有大量细小的封闭气孔,并具有相当强度的混凝土制品。轻质混凝土(泡沫混凝土)的制作通常是用机械方法将泡沫剂水溶液制备成泡沫。

**6. 泡沫玻璃保温板**

泡沫玻璃保温板(图4-15)最早是由美国彼兹堡康宁公司发明的,是由碎玻璃、发泡剂、改性添加剂和发泡促进剂等,经过细粉碎和均匀混合后,再经过高温熔化、发泡、退火而制成的无机非金属玻璃材料。其导热系数为 0.062 W/(m·K)。它由大量直径为 1 ~ 2 mm 的均匀气泡结构组成。其中,吸声泡沫玻璃保温板为50%以上开孔气泡,绝热泡沫玻璃为75%以上的闭孔气泡,制品密度为 160 ~ 220 kg/m³,可以根据使用的要求,通过生产技术参数的变更进行调整。

图4-13 真金板

图4-14 泡沫混凝土板

图4-15 泡沫玻璃保温板

**7. 发泡聚氨酯板**

发泡聚氨酯是单一有机保温材料中性能最好的保温材料,它的导热系数为 0.024 W/(m·K)。发泡聚氨酯板(图4-16)的主要性能指标应符合现行行业标准《聚氨酯硬泡复合保温板》(JG/T 314—2012)的要求。其按照工艺可分为现场发泡聚氨酯板和工厂预制的硬泡聚氨酯板。在工厂使用的硬泡聚氨酯板通常是双面涂抹砂浆的复合聚氨酯板材。

**8. 真空绝热板**

真空绝热板(图4-17)是由无机纤维芯材与高阻气复合薄膜通过抽真空封装技术,外覆专用界面砂浆制成的一种高效保温板材,它的导热系数为 0.008 W/(m·K)。空气的导热系数大约是 0.023 W/(m·K),比空气还低的导热系数只有真空,所以真空绝热板的导热系数是现有保温材料中最低的,其最大的优势就是保温性能。不过该板材也有致命缺陷。例如,真空度难以保持,若是发生破损,板材的保温性能即会骤降。目前,国内产品有青岛科瑞新型环保材料有限公司生产的 STP 真空绝热板。

图 4-16　发泡聚氨酯板

图 4-17　真空绝热板

### (二)保温材料的性能要求

(1)预制夹心保温构件的保温材料应符合以下要求。

1)预制夹心保温构件的保温材料除应符合现行国家和地方标准的要求外,还应符合设计和当地消防部门的相关要求。

2)保温材料和填充材料应按照不同材料、不同品种、不同规格进行存储,应具有相应的防护措施。

3)保温材料和填充材料在进厂时应查验出厂检验报告及合格证明书,同时,按规定要求进行复检。

(2)夹心外墙板宜采用挤塑聚苯板或聚氨酯保温板作为保温材料。夹心外墙板中的保温材料导热系数不宜大于 0.040 W/(m·K),体积比吸水率不宜大于 0.3%,燃烧性能不应低于现行国家标准《建筑材料及制品燃烧性能分级》(GB 8624—2012)中 B2 级的要求。

### (三)外墙保温拉结件

外墙保温拉结件是用于连接预制保温墙体内外层混凝土墙板,传递墙板剪力,以使内外层墙板形成整体的连接器。拉结件宜选用纤维增强复合材料或不锈钢薄钢板加工制成。供应商应提供明确的材料性能和连接性能技术标准要求。当有可靠依据时,也可以采用其他类型连接件。

（1）夹心外墙板中内外墙板的拉结件应符合下列规定。

1）金属及非金属材料拉结件均应具有规定的承载力、变形和耐久性能，并应经过试验验证。

2）拉结件应满足夹心外墙板的节能设计要求。

（2）预制夹心保温墙体用连接件的分类。目前，在预制夹心保温墙体中使用的拉结件主要有玻璃纤维拉结件（图4-18）、玄武岩纤维钢筋拉结件（图4-19）、不锈钢拉结件（图4-20）。

图4-18　玻璃纤维拉结件　图4-19　玄武岩纤维钢筋拉结件　图4-20　不锈钢拉结件

（3）预制夹心保温墙板中内外墙体用连接件应满足下列规定。

1）连接件采用的材料应满足现行国家标准的技术要求。

2）连接件与混凝土的锚固力应符合设计要求，还应具有良好的变形能力，并应满足防腐和耐久性要求。

3）连接件的密度、拉伸强度、拉伸弹性模量、断裂伸长率、热膨胀系数、耐碱性、防火性能、导热系数等性能应满足现行国家相关标准的规定，并应经过试验验证。

4）拉结件应满足夹心外墙板的节能设计要求。

（4）连接件的设置方式应满足以下要求。

1）棒状或片状连接件宜采用矩形或梅花形布置，间距一般为400～600 mm，连接件与墙体洞口边缘的距离一般为100～200 mm；当有可靠依据时，也可按设计要求确定。

2）连接件的锚入方式、锚入深度、保护层厚度等参数应满足现行国家相关标准的规定。

### （四）预埋件及门窗框的基本要求

1. 预埋件及门窗框的基本要求

（1）预埋件的材料、品种、规格、型号应符合现行国家相关标准的规定和设计要求。

（2）预埋管线的材料、品种、规格、型号应符合国家相关标准的规定和设计要求。

（3）预埋门窗框应有产品合格证和出厂检验报告，品种、规格、性能、型材壁厚、连接方式等应满足设计要求和现行相关标准的要求。

（4）预埋件的材料、品种应按照预制构件制作图进行制作，并准确定位。预埋件的设置及检测应满足设计及施工要求。

（5）预埋件应按照不同材料、不同品种、不同规格分类存放并标识。

（6）预埋件应进行防腐防锈处理，并应满足现行国家标准《工业建筑防腐蚀设计规范》（GB/T 50046—2018）、《涂覆涂料前钢材表面处理 表面清洁度的目视评定》（GB/T 8923.1—2011～GB/T 8923.4—2013）的有关规定。

（7）预埋管线的防腐防锈应满足现行国家标准《工业建筑防腐蚀设计规范》（GB/T 50046—2018）和《涂覆涂料前钢材表面处理表面清洁度的目视评定》（GB/T 8923.1—2011～GB/T 8923.4—2013）的规定。

（8）当门窗框直接安装在预制构件中时，应在模具上设置弹性限位件进行固定；门窗框应采取包裹或者覆盖等保护措施，生产和吊装运输过程中不得污染、划伤和损坏。

（9）防水密封胶条应有产品合格证和出厂检验报告，质量和耐久性应满足现行相关标准要求。制作时，防水密封胶条不应在构件转角处搭接，节点防水的检查措施应到位。

2. 预埋螺栓和预埋螺母

预埋螺栓（图4-21）是将螺栓预埋在预制混凝土构件中，留出的螺栓丝扣用来固定构件，可起到连接固定作用。常见的做法是预制挂板通过在构件内预埋螺栓与预制叠合板（装配整体式楼板）或者阳台板进行连接，还有为固定其他构件而预埋螺栓。与预埋螺栓相对应的另一种方式是预埋螺母。预埋螺母的好处是,构件的表面没有凸出物,便于运输和安装,如内丝套筒(图4-22)属于预埋螺母。对于小型预制混凝土构件,预埋螺栓和预埋螺母在不影响正常使用和满足起吊受力性能的前提下也当作吊钉使用。

图4-21　预埋螺栓　　　　　　　图4-22　预埋螺母

3. 预埋吊钉

预制混凝土构件的预埋吊件以前主要为吊环,现在多采用圆头吊钉、套筒吊钉、平板吊钉,如图4-23所示。

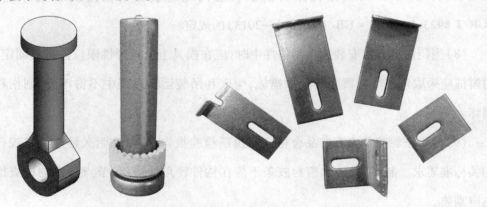

图4-23　圆头吊钉、套筒吊钉、平板吊钉

(1)圆头吊钉(图4-24)适用于所有预制混凝土构件的起吊。例如,墙体、柱子、横梁、水泥管道。它的特点是无须加固钢筋,拆装方便,性能卓越,操作简便。还有一种是带眼圆头吊钉。通常,在尾部的孔中拴上锚固钢筋,以增强圆头吊钉在预制混凝土中的锚固力。

（2）套筒吊钉（图4-25）适用于所有预制混凝土构件的起吊。其优点是预制混凝土构件表面平整；缺点是采用螺纹接驳器时，需要将接驳器的丝杆完全拧入套筒中，如果接驳器的丝杆没有拧到位或接驳器的丝杆受到损伤时，可能降低其起吊能力，因此，较少在大型构件中使用套筒吊钉。

（3）平板吊钉（图4-26）适用于所有预制混凝土构件的起吊，尤其适合墙板类薄型构件，平板吊钉种类繁多，应根据厂家的产品手册和指南来选用。平板吊钉的优点是起吊方式简单，安全可靠，也得到越来越广泛的运用。

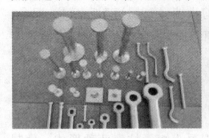

图4-24　圆头吊钉　　　　图4-25　套筒吊钉　　　　图4-26　平板吊钉

4. 预埋管线

预埋管线（图4-27）是指在预制构件中预先留设的管道、线盒。预埋管线是用来穿管或留洞口为设备服务的通道。例如，在建筑设备安装时穿各种管线用的通道（如强弱电、给水、煤气等）。预埋管线通常为钢管、铸铁管或PVC管。预埋件在预制混凝土构件中的埋设示意图如图4-27所示。

图4-27　预埋管线示意图

## （五）外装饰材料

涂料和面砖等外装饰材料的质量、拉拔试验等应满足现行相关标准和设计要求。当采用面砖饰面时,宜选用背面带燕尾槽的面砖,燕尾槽尺寸应符合工程设计和相关标准要求。其他外装饰材料应符合相关标准规定。

# 第二节 装配整体式结构的基本构件

装配整体式结构的基本构件主要包括柱、梁、剪力墙、楼(屋)面板、楼梯、阳台、空调板、女儿墙等,这些主要受力构件通常在工厂预制加工完成,待强度符合规定要求后进行现场装配施工。

## 一、预制混凝土柱

预制混凝土柱包括预制混凝土实心柱和预制混凝土矩形柱壳两种形式。预制混凝土柱的外观多种多样,包括矩形、圆形和工字形等。在满足运输和安装要求的前提下,预制柱的长度可达到 12 m 或更长(图 4-28)。

图 4-28 预制混凝土柱

## 二、预制混凝土梁

预制混凝土梁根据制造工艺不同可分为预制实心梁、预制叠合梁两类,见图 4-29。预制实心梁制作简单,构件自重较大,多用于厂房和多层建筑中。预制叠合梁便于预制柱和叠合楼板连接,整体性较强,运用十分广泛。预制梁壳通常用于梁截面较大或起吊质量受到限制的情况,优点是便于现场钢筋的绑扎,缺点是预制工艺较复杂。

图 4-29 预制混凝土梁

按是否采用预应力来划分,预制混凝土梁可分为预制预应力混凝土梁和预制非预应力混凝土梁。预制预应力混凝土梁集合了预应力技术节省钢筋、易于安装的优点,生产效率高,施工速度快,在大跨度全预制多层框架结构厂房中具有良好的经济性。

## 三、预制混凝土剪力墙

预制混凝土剪力墙从受力性能角度分为预制实心剪力墙和预制叠合剪力墙,见图 4-30。

图 4-30 预制混凝土墙

## （一）预制实心剪力墙

预制实心剪力墙是指将混凝土剪力墙在工厂预制成实心构件,并在现场通过预留钢筋与主体结构相连接,见图4-31。随着灌浆套筒在预制剪力墙中的使用,预制实心剪力墙的使用越来越广泛。

图4-31 预制实心剪力墙

预制混凝土夹心保温剪力墙是一种结构保温一体化的预制实心剪力墙,由外叶、内叶和中间层三部分组成。内叶是预制混凝土实心剪力墙,中间层为保温隔热层,外叶为保温隔热层的保护层。保温隔热层与内外叶之间采用拉结件连接。拉结件也可以采用玻璃纤维钢筋或不锈钢拉结件。预制混凝土夹心保温剪力墙通常作为建筑物的承重外墙。

## （二）预制叠合剪力墙

预制叠合剪力墙是指一侧或两侧均为预制混凝土墙板,在另一侧或中间部位现浇混凝土,从而形成共同受力的剪力墙结构,见图4-30。预制叠合剪力墙结构在德国、法国、意大利等国家有着广泛的运用,在上海、深圳、鹤壁等地已有所应用。它具有制作简单、施工方便等优势。

## 四、预制混凝土楼面板

预制混凝土楼面板按照制造工艺不同可分为预制混凝土叠合板(装配整体式楼板)、预制混凝土实心板、预制混凝土空心板、预制混凝土双T板等。

预制混凝土叠合板（装配整体式楼板）最常见的主要有两种，一种是桁架钢筋混凝土叠合板（装配整体式楼板），另一种是预制带肋底板混凝土叠合楼板。桁架钢筋混凝土叠合板（装配整体式楼板）属于半预制构件，下部为预制混凝土板，外露部分为桁架钢筋。预制混凝土叠合板（装配整体式楼板）的预制部分厚度通常为 60 mm，叠合楼板在工地安装到位后要进行二次浇筑，从而成为整体实心楼板，见图 4-32。桁架钢筋的主要作用是将后浇筑的混凝土层与预制底板形成整体，并在制作和安装过程中提供刚度。伸出预制混凝土层的桁架钢筋和粗糙的混凝土表面，保证了叠合楼板预制部分与现浇部分能有效结合成整体。

图 4-32　桁架叠合楼板

带肋底板混凝土叠合楼板是一种预应力带肋混凝土叠合楼板（PK 板），见图 4-33。

PK 预应力混凝土叠合板（装配整体式楼板）具有以下优点：

国际上最薄、最轻的叠合板（装配整体式楼板）之一：30 mm 厚，自重 110 kg/m$^2$；用钢量最省：由于采用高强预应力钢丝，比其他叠合板（装配整体式楼板）用钢量节省 60%；承载能力最强：破坏性试验承载力可达 1.1 t/m$^2$，支撑间距可达 3.3 m，减少支撑数量。

抗裂性能好：由于施加了预应力，极大地提高了混凝土的抗裂性能。新老混凝土结合好：由于采用了 T 型肋，现浇混凝土形成倒梯形，新老混凝土互相咬合，新混凝土流到孔中又形成销栓作用。

可形成双向板：在侧孔中横穿钢筋后，避免了传统叠合板（装配整体式楼板）只能做单向板的弊病，且预埋管线方便。

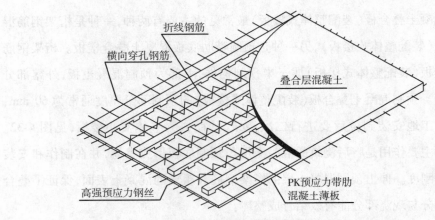

**图 4-33  预制带肋叠合板(装配整体式楼板)**

预制混凝土实心板制作较为简单,预制混凝土实心板的连接设计也根据抗震构造等级的不同而有所不同。

预制混凝土空心板和预制混凝土双 T 板通常适用于较大跨度的多层建筑。预应力双 T 板跨度可达 20 m 以上,用高强轻质混凝土则可达 30 m 上。

## 五、预制混凝土楼梯

预制混凝土楼梯外观更加美观,避免在现场支模,节约工期。预制简支楼梯受力明确,安装后可做施工通道,解决垂直运输问题,保证了逃生避难通道的安全,见图 4-34。

**图 4-34  预制混凝土楼梯**

## 六、预制混凝土阳台、空调板、女儿墙

### （一）预制混凝土阳台

预制混凝土阳台通常包括预制实心阳台和预制叠合阳台，预制阳台板能够克服现浇阳台的缺点，解决阳台支模复杂、现场高空作业费时费力的问题。

### （二）预制混凝土空调板

预制混凝土空调板通常采用预制混凝土实心板，板侧预留钢筋与主体结构相连，预制空调板通常与外墙板相连。预制混凝土空调板见图4-35。

**图 4-35　预制混凝土空调板**

### （三）预制混凝土女儿墙

女儿墙处于屋顶处外墙的延伸部位，通常有立面造型，采用预制混凝土女儿墙的优势是能快速安装，节省工期并提高耐久性。女儿墙可以是单独的预制构件，也可以是顶层的墙板向上延伸，顶层外墙与女儿墙预制为一个构件。预制混凝土女儿墙见图4-36。

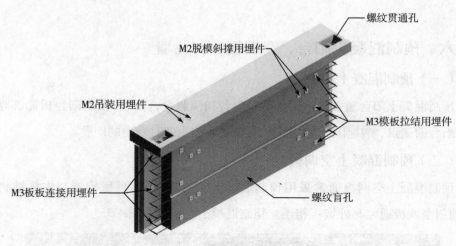

图 4-36　预制混凝土女儿墙

# 第三节　围护构件

围护构件是指围合、构成建筑空间,抵御环境不利影响的构件。本章只展开讲解外围护墙和预制内隔墙的相关内容,其余部分不再在章节中赘述。外围护墙用于抵御风雨、温度变化、太阳辐射等,应具有保温、隔热、隔声、防水、防潮、耐火、耐久等性能。内隔墙起分隔室内空间作用,应具有隔声、隔视线以及某些特殊要求的性能。

## 一、外围护墙

预制混凝土外围护墙板是指预制商品混凝土外墙构件,包括预制混凝土叠合(夹心)墙板、预制混凝土夹心保温外墙板和预制混凝土外墙挂板。外墙板除应具有隔声与防火的功能外,还应具有隔热保温、抗渗、抗冻融、防碳化等作用和满足建筑艺术装饰的要求,外墙板可用轻集料单一材料制成,也可采用复合材料(结构层、保温隔热层和饰面层)制成。

预制混凝土外围护墙板采用工厂化生产、现场进行安装的施工方法,具有施工周期短、质量可靠(对防止裂缝、渗漏等质量通病十分有效)、节能环保(耗材少,减少扬尘和噪声等)、工业化程度高及劳动力投入量少等优点,在国内外的住宅建筑上得到了广泛运用。

根据制作结构不同,预制外墙结构分为预制混凝土夹心保温外墙板和预制混凝土外墙挂板。

## (一)预制混凝土夹心保温外墙板

预制混凝土夹心保温外墙板是集承重、围护、保温、防水、防火等功能为一体的重要装配式预制构件,由内叶墙板、保温材料、外叶墙板三部分组成,见图4-37。

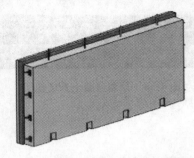

**图4-37 预制混凝土夹心保温外墙板**

夹心保温外墙板宜采用平模工艺生产,生产时应先浇筑外叶墙板混凝土层,再安装保温材料和拉结件,最后浇筑内叶墙板混凝土,可以使保温材料与结构同寿命。

## (二)预制混凝土外墙挂板

预制混凝土外墙挂板是在预制车间加工,运输到施工现场吊装的钢筋混凝土外墙板,在板底设置预埋铁件,通过与楼板上的预埋螺栓连接使底部与楼板固定,再通过连接件使顶部与楼板固定,见图4-38。在工厂采用工业化生产,具有施工速度快、质量好、费用低的特点。

根据工程需要可设计成集保温、墙体围护于一体的复合保温外墙挂板,也可以作为复合墙体的外装饰挂板。

混凝土外墙挂板可充分体现大型公共建筑外墙独特的表现力。外墙挂板具有防腐蚀、耐高温、抗老化、无辐射、防火、防虫、不变形等基本性能,同时还要求造型美观、施工简便、环保节能等。

图 4-38　预制混凝土外墙挂板

## 二、预制内隔墙

预制内隔墙板按成型方式分为挤压成型墙板和立（或平）模浇筑成型墙板两种。

### （一）挤压成型墙板

挤压成型墙板，也称预制条形内墙板，是在预制工厂使用挤压成型机将轻质材料搅拌均匀的料浆通过进入模板（模腔）成型的墙板，见图 4-39。按断面不同分空心板、实心板两类，在保证墙板承载和抗剪的前提下，可以将墙体断面做成空心，这样可以有效降低墙体的质量，并通过墙体空心处空气的特性提高隔断房间内保温、隔声的效果；门边板端部为实心板，实心宽度不得小于 100 mm。

没有门洞口的墙体，应从墙体一端开始沿墙长方向顺序排板；有门洞口的墙体，应从门洞口开始分别向两边排板。当墙体端部的墙板不足一块板宽时，应设计补空板。

图4-39　挤压成型墙板

## （二）立（或平）模浇筑成型墙板

立（或平）模浇筑成型墙板，也称预制混凝土整体内墙板，是在预制车间按照所需样式使用钢模具拼接成型，浇筑或摊铺混凝土制成的墙体，见图4-40。

图4-40　现浇填充墙体

根据受力不同，内墙板使用单种材料或者多种材料加工而成。用聚苯乙烯泡沫板材、聚氨酯泡沫塑料、无机墙体保温隔热材料、石膏等轻质材料填充到墙体之中，可以减少混凝土的用量，绿色环保，减少室内热量与外界的交换，增强墙体的隔声效果，并通过墙体自重的减轻而降低运输和吊装的成本。

# 第四节　预制构件的连接

装配整体式结构中,构件与接缝处的纵向钢筋应根据接头受力、施工工艺等情况的不同,选用钢筋套筒灌浆连接、焊接连接、浆锚搭接连接、机械连接、螺栓连接、栓焊混合连接、绑扎连接、混凝土连接等连接方式。

## 一、结构材料的连接

### （一）钢筋套筒灌浆连接

#### 1.钢筋套筒灌浆连接的历史发展

钢筋套筒灌浆连接是一种因工程实践的需要和技术发展而产生的新型连接方式。该连接方式弥补了传统连接方式(焊接、机械连接、螺栓连接等)的不足,并得到了迅速的发展和应用。钢筋套筒灌浆连接是各种装配整体式混凝土结构的重要接头形式。

1960年美籍华人余占疏博士(DR. ALFRED A. YEE,美国工程院院士,预应力结构的国际权威)发明了Splice Sleeve(钢筋套筒连接器)。首次应用于美国夏威夷38层的阿拉莫阿纳酒店的预制柱钢筋续接中,开创柱续接的刚性接头的先河,并在夏威夷的历次强烈地震中经受住了考验。日本TTK公司将之改良成较短的半灌浆钢筋套筒连接器。

#### 2.钢筋套筒灌浆连接的分类

按照钢筋与套筒的连接方式不同,该接头分为全灌浆接头、半灌浆接头两种,见图4-41。

全灌浆接头是传统的灌浆连接接头形式,套筒两端的钢筋均采用灌浆连接,两端钢筋均是带肋钢筋。半灌浆接头是一端钢筋用灌浆连接,另一端采用非灌浆方法(例如螺纹连接)连接的接头。

#### 3.钢筋套筒灌浆连接在装配整体式结构中的应用

钢筋套筒灌浆连接主要适用于装配整体式混凝土结构的预制剪力墙、预制柱等预制构件的纵向钢筋连接,也可用于叠合梁等后浇部位的纵向钢筋连接,见图 4-42。

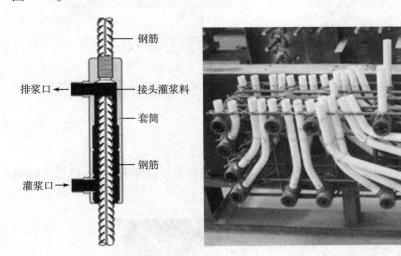

图 4-41　灌浆套筒构造图　　　　图 4-42　灌浆套筒工艺

4. 钢筋套筒灌浆连接中对接头性能、套筒、灌浆料的要求

钢筋套筒灌浆连接接头在同截面布置时,接头性能应达到钢筋机械连接接头的最高性能等级,国内建筑工程的接头应满足国家行业标准《钢筋机械连接技术规程》(JGJ 107—2016)中的Ⅰ级性能指标。套筒的各项指标应符合《钢筋连接用灌浆套筒》(JG/T 398—2012)的要求。灌浆料的各项指标应符合《钢筋连接用套筒灌浆料》(JG/T 408—2019)的要求。

## (二)焊接连接

焊接是指通过加热(必要时加压),使两根钢筋达到原子结合的一种加工方法,将原来分开的钢筋构成了一个整体。

1. 常用的焊接方法

(1)熔焊。

在焊接过程中,将焊件加热至熔融状态,不加压力完成的焊接方法称为熔焊。常见的有等离子弧焊、气焊、气体(二氧化碳)保护焊、电弧焊、电渣焊.

(2)压焊。

在焊接过程中,必须对焊件施加压力(加热或不加热)完成的焊接方法称为压焊,见图 4-43。

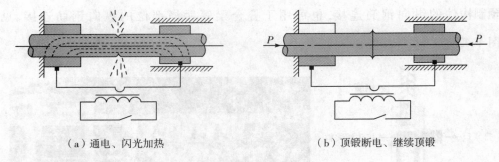

（a）通电、闪光加热　　　　　　　　　（b）顶锻断电、继续顶锻

图 4-43　钢筋压焊

（3）钎焊。

把各种材料加热到适当的温度，通过使用具有液相温度高于 450 ℃，但低于母材固相线温度的钎料完成材料的连接称为钎焊，见图 4-44。

图 4-44　钢筋钎焊

2. 焊接在装配整体式结构中的应用

装配整体式混凝土结构中的应用主要是热熔焊接。根据焊接长度的不同，分为单面焊和双面焊；根据作业方式的不同，分为平焊和立焊。

焊接连接应用于装配整体式框架结构、装配整体式剪力墙结构中后浇混凝土内的钢筋的连接，以及钢结构的构件连接。

焊接连接是钢结构工程中较为常见的梁柱连接形式，即连接节点采用全熔透坡口对接焊缝连接。

型钢焊接连接可以随工程任意加工、设计及组合，并可制造特殊规格，配合特殊工程之实际需要。

### （三）浆锚搭接连接

浆锚搭接连接是基于粘结锚固原理进行连接的方法,在竖向结构部品下段范围内预留出竖向孔洞,孔洞内壁表面留有螺纹状粗糙面,周围配有横向约束螺旋箍筋。装配式构件将下部钢筋插入孔洞内,通过灌浆孔注入灌浆料,直至排气孔溢出停止灌浆,当灌浆料凝结后将此部分连接成一体。

浆锚搭接连接时,要对预留孔成孔工艺、孔道形状和长度、构造要求、灌浆料和被连接钢筋,进行力学性能以及适用性的试验验证。

其中,直径大于 20 mm 的钢筋不宜采用浆锚搭接连接,直接承受动力荷载构件的纵向钢筋不应采用浆锚搭接连接,见图 4-45。

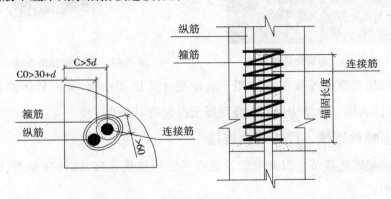

**图 4-45 浆锚搭接**

浆锚搭接连接成本低、操作简单,但因结构受力的局限性,浆锚搭接连接只适用于房屋高度不大于 12 m 或者层数不超过 3 层的装配整体式框架结构的预制柱纵向钢筋连接。

### （四）机械连接

钢筋机械连接是指通过连接件的机械咬合作用或钢筋端面的承压作用,将一根钢筋中的力传递至另一根钢筋的连接方法。

钢筋机械连接主要有以下两种类型:钢筋套筒挤压连接、钢筋滚压直螺纹连接。

**1.钢筋套筒挤压连接**

通过挤压力使连接件钢套筒塑性变形与带肋钢筋紧密咬合形成的接头。有两种形式,径向挤压连接和轴向挤压连接。由于轴向挤压连接现场施工不方便及接头质量不够稳定,没有得到推广,见图 4-46。

2. 钢筋滚压直螺纹连接(直接滚压、挤肋滚压、剥肋后滚压)

通过钢筋端头直接滚压或挤(碾)肋滚压或剥肋后滚压制作的直螺纹和连接件螺纹咬合形成的接头,见图4-47。其基本原理是利用了金属材料塑性变形后冷作硬化增强金属材料强度的特性,而仅在金属表层发生塑变、冷作硬化,金属内部仍保持原金属的性能,因而使钢筋接头与母材达到等强。

图 4-46　套筒挤压连接图　　　　　　图 4-47　直螺纹套筒连接

钢筋滚压直螺纹连接主要应用于装配整体式框架结构、装配整体式剪力墙结构、装配整体式框—剪结构中的后浇混凝土内纵向钢筋的连接。

### (五)螺栓连接、栓焊混合连接

螺栓连接即连接节点以普通螺栓或高强螺栓现场连接,以传递轴力、弯矩与剪力的连接形式。

螺栓连接分为全螺栓连接、栓焊混合连接两种连接方式。

螺栓连接主要适用于装配整体式框架结构中的柱、梁的连接,装配整体式剪力墙结构中预制楼梯的安装连接(牛腿)。

栓焊混合连接是目前多层、高层钢框架结构工程中最为常见的梁柱连接节点形式,即梁的上、下翼缘采用全熔透坡口对接焊缝,而梁腹板采用普通螺栓或高强螺栓与柱连接的形式。

### (六)绑扎连接

钢筋绑扎连接是指将两根钢筋通过细钢丝(一般采用 20～22 号镀锌钢丝或绑扎钢筋用火烧丝)绑扎在一起的连接方式。钢筋绑扎连接的机理是钢筋的锚固,两段相互搭接的钢筋各自都锚固在混凝土里,搭接长度应满足现行国家规范的要求。

### (七)混凝土连接

混凝土连接主要是预制部件与后浇混凝土的连接。为加强预制部件与后浇混凝土间的连接,预制部件与后浇混凝土的结合面要设置相应粗糙面和抗剪键槽。

1. 粗糙面处理

粗糙面处理即通过外力使预制部件与后浇混凝土结合处变得粗糙,露出碎石等骨料。常有三种方法:人工凿毛法、机械凿毛法、缓凝水冲法。

人工凿毛法是工人使用铁锤和凿子剔除预制部件结合面的表皮,露出碎石骨料,增加结合面的粘结粗糙度。此方法的优点是简单,易于操作,缺点是费工费时,效率低。

机械凿毛法是使用专门的小型凿岩机配置梅花平头钻,剔除结合面混凝土的表皮,增加结合面的粘结粗糙度。此方法的优点是方便快捷,机械小巧,易于操作,缺点是操作人员的作业环境差,粉尘污染。

缓凝水冲法是混凝土结合面粗糙度处理的一种新工艺,是指在部品构件混凝土浇筑前,将含有缓凝剂的浆液涂刷在模板壁上。浇筑混凝土后,利用已浸润缓凝剂的表面混凝土与内部混凝土的缓凝时间差,用高压水冲洗未凝固的表层混凝土,冲掉表面浮浆,露出骨料,形成粗糙的表面。此方法的优点是成本低,效果佳,功效高,且易于操作。

2. 键槽设置

装配整体式结构的预制梁、预制柱及预制剪力墙断面处须设置抗剪键槽,键槽设置尺寸及位置应符合装配整体式结构的设计及规范要求。

### (八)其他连接

装配整体式框架、装配整体式剪力墙等结构中的顶层、端缘部的现浇节点中的钢筋无法连接,或者连接难度大,不方便施工。在上述情况下,将受力钢筋采用直线锚固、弯折锚固、机械锚固(例如锚固板)等连接方式,锚固在后浇节点内以达到连接的要求,以此来增加装配整体式结构的刚度和整体性能。

## 二、构件连接的节点构造及钢筋布设

### (一)混凝土叠合楼(屋)面板的节点构造

混凝土叠合受弯构件是指预制混凝土梁板顶部在现场后浇混凝土而形成的整体受弯构件。装配整体式结构组成中根据用途将混凝土分为叠合构件混凝土和构件连接混凝土。叠合楼(屋)面板的预制部分多为薄板,在预制构件加工厂完成。施工时吊装就位,浇部分在预制板面上完成。预制薄板作为永久模板又作为楼板的一部分承担使用荷载,具有施工周期短、制作方便、构件较轻的特点,其整体性和抗震性能较好。

叠合楼(屋)面板结合了预制和现浇混凝土各自的优势,兼具现浇和预制楼(屋)面板的优点,能够节省模板支撑系统。

1. 叠合楼(屋)面板的分类

主要有预应力混凝土叠合板(装配整体式楼板)、预制混凝土叠合板(装配整体式楼板)、桁架钢筋混凝土叠合板(装配整体式楼板)等。

2. 叠合楼(屋)面板的节点构造

(1)预制混凝土与后浇混凝土之间的结合面应设置粗糙面。粗糙面的凹凸深度不应小于 4 mm,以保证叠合面具有较强的粘结力,使两部分混凝土共同有效的工作。

预制板厚度由于脱模、吊装、运输、施工等因素,最小厚度不宜小于 60 mm,后浇混凝土层最小厚度不应小于 60 mm,主要考虑楼板的整体性以及管线预埋、面筋铺设、施工差等因素。当板跨度大于 3 m 时,宜采用桁架钢筋混凝土叠合板(装配整体式楼板),可增加预制板的整体刚度和水平抗剪性能;当板跨度大于 6 m 时,宜采用预应力混凝土预制板,节省工程造价;板厚大于 180 mm 的叠合板(装配整体式楼板),其预制部分采用空心板,空心板端空腔应封堵,可减轻楼板自重,提高经济性能。

(2)叠合板(装配整体式楼板)支座处的纵向钢筋应符合下列规定。

1)端支座处,预制板内的纵向受力钢筋宜从板端伸出,并锚入支撑梁或墙的后浇混凝土中,锚固长度不应小于 5d(d 为纵向受力钢筋直径),且宜伸过支座中心线。

2)单向叠合板(装配整体式楼板)的板侧支座处,当板底分布钢筋不伸入支座时,宜在紧邻预制板顶面的后浇混凝土叠合层(装配整体式层)中设置附加钢筋,附加钢筋截面面积不宜小于预制板内的同向分布钢筋面积,间距不宜大于 600 mm,在板的后浇混凝土叠合层(装配整体式层)内锚固长度不应小于15d,在支座内锚固长度不应小于15d(d为附加钢筋直径)且宜伸过支座中心线,见图4-48。

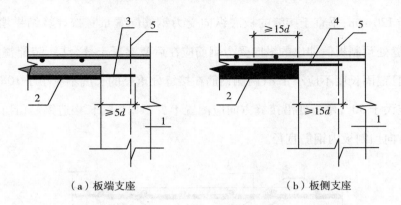

（a）板端支座　　　　　　　（b）板侧支座

1—支承梁或墙;2—预制板;3—纵向受力钢筋;4—附加钢筋;5—支座中心线。

**图4-48　叠合板端及板侧支座构造示意图**

（3）单向叠合板(装配整体式楼板)板侧的分离式接缝宜配置附加钢筋。接缝处紧邻预制板顶面宜设置垂直于板缝的附加钢筋,附加钢筋伸入两侧后浇混凝土叠合层(装配整体式层)的锚固长度不应小于15d(d为附加钢筋直径),见图4-49;附加钢筋截面面积不宜小于预制板中该方向钢筋面积,筋直径不宜小于6 mm,间距不宜大于250 mm。

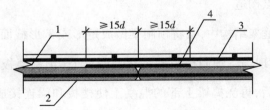

1—后浇混凝土叠合层;2—预制板;3—后浇层内钢筋;4—附加钢筋。

**图4-49　单向叠合板板侧分离式拼缝构造示意图**

（4）双向叠合板(装配整体式楼板)板侧的整体式接缝处由于有应变集中情况,见图4-50,宜将接缝设置在叠合板(装配整体式楼板)的次要受力方向上,且宜避开最大弯矩截面,接缝可采用后浇带形式,并应符合下列规定。

1)后浇带宽度不宜小于200 mm。

2)后浇带两侧板底纵向受力钢筋可在后浇带中焊接、搭接连接、弯折锚固。

3）当后浇带两侧板底纵向受力钢筋在后浇带中弯折锚固时，应符合下列规定。

叠合板（装配整体式楼板）厚度不应小于10d（d为弯折钢筋直径的较大值），且不应小于120 mm；垂直于接缝的板底纵向受力钢筋配置量宜按计算结果增大15%配置；接缝处预制板侧伸出的纵向受力钢筋应在后浇混凝土叠合层（装配整体式层）内锚固，且锚固长度不应小于a；两侧钢筋在接缝处重叠的长度不应小于10d，钢筋弯折角不应大于30°，弯折处沿接缝方向应配置不少于2根通长构造钢筋，且直径不应小于该方向预制板内钢筋直径。

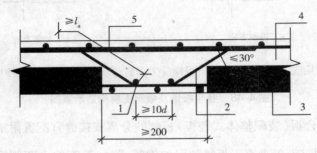

1—通长构造钢筋；2—纵向受力钢筋；3—预制板；4—后浇混凝土叠合层；5—后浇层内钢筋。

**图4-50　双向叠合板整体式接缝构造示意图**

## （二）叠合梁（主次梁）、预制柱的节点构造

### 1.叠合梁的节点构造

在装配整体式框架结构中，常将预制梁做成矩形或T形截面。首先在预制厂内做成预制梁，在施工现场将预制楼板搁置在预制梁上（预制楼板和预制梁下需设临时支撑），安装就位后，再浇捣梁上部的混凝土使楼板和梁连接成整体，即成为装配整体式结构中分两次浇捣混凝土的叠合梁。它充分利用了钢材的抗拉性能和混凝土的受压性能，结构的整体性较好，施工简单方便。

混凝土叠合梁的预制梁截面一般有两种，分为矩形截面预制梁和凹口截面预制梁。

（1）装配整体式框架结构中，当采用叠合梁时，预制梁端的粗糙面凹凸深度不应小于6 mm，图4-51（a）框架梁的后浇混凝土叠合层（装配整体式层）厚度不宜小于150 mm，次梁的后浇混凝土叠合板（装配整体式楼板）厚度不宜小于120 mm；当采用

凹口截面预制梁时,凹口深度不宜小于 50 mm,凹口边厚度不宜小于 60 mm,见图 4-51(b)。

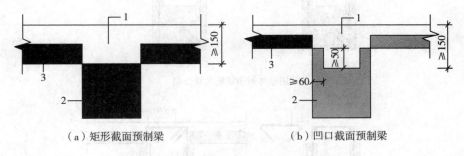

（a）矩形截面预制梁　　　　　　　　（b）凹口截面预制梁

1—后浇混凝土叠合层;2—预制梁;3—预制板。

**图 4-51　叠合框架梁截面示意图**

（2）为提高叠合梁的整体性能,使预制梁与后浇层之间有效的结合为整体,预制梁与后浇混凝土、灌浆料、座浆材料的结合面应设置粗糙面,预制梁端面应设置键槽。

预制梁端的粗糙面凹凸深度不应小于 6 mm,键槽尺寸和数量应按《装配式混凝土结构技术规程》(JGJ 1—2014)第 7.2.2 条的规定计算确定。键槽的深度不宜小于 30 mm,宽度不宜小于深度的 3 倍,且不宜大于深度的 10 倍;键槽可贯通截面,当不贯通时,槽口距离截面边缘不宜小于 50 mm,键槽间距宜等于键槽宽度,键槽端部斜面倾角不宜大于 30°。粗糙面的面积不宜小于结合面的 80%,预制板的粗糙面凹凸深度不应小于 4 mm,预制梁端、预制柱端、预制墙端的粗糙面凹凸深度不应小于 6 mm。

（3）叠合梁的箍筋配置:抗震等级为一、二级的叠合框架梁的梁端箍筋加密区宜采用整体封闭箍筋,见图 4-52(a)。采用组合封闭箍筋的形式时,开口箍筋上方应做成 135°弯钩,见图 4-52(b)。非抗震设计时,弯钩端头平直段长度不应小于 $5d$（$d$ 为箍筋直径）。抗震设计时,弯钩端头平直段长度不应小于 $10d$。

现浇应采用箍筋帽封闭开口箍,箍筋帽末端应做成 130°弯钩。非抗震设计时,弯钩端头平直段长度不应小于 $5d$;抗震设计时,弯钩端头平直段长度不应小于 $10d$。

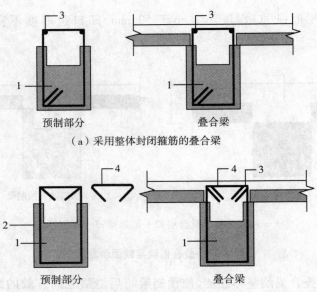

（a）采用整体封闭箍筋的叠合梁

（b）采用组合封闭箍筋的叠合梁

1—预制梁；2—开口箍筋；3—上部纵向钢筋；4—箍筋帽。

**图 4-52　叠合梁箍筋构造示意图**

（4）叠合梁可采用对接连接，并应符合下列规定。

1）连接处应设置后浇段，后浇段的长度应满足梁下部纵向钢筋连接作业的空间需求。

2）梁下部纵向钢筋在后浇段内宜采用机械连接、套筒灌浆连接或焊接连接。

3）后浇段内的箍筋应加密，箍筋间距不应大于 $5d$（$d$ 为纵向钢筋直径），且不应大于 100 mm。

**2. 叠合主次梁的节点构造**

叠合主梁与次梁采用后浇段连接时，应符合下列规定。

（1）在端部节点处，次梁下部纵向钢筋伸入主梁后浇段内的长度不应小于 $12d$，次梁上部纵向钢筋应在主梁后浇段内锚固。当采用弯折锚固或锚固板时，锚固直段长度不应小于 $0.6l_{ab}$，见图 4-53（a）；当钢筋应力不大于钢筋强度设计值的 50% 时，锚固直段长度不应大于 $0.35l_{ab}$；弯折锚固的弯折后直段长度不应小于 $12d$（$d$ 为纵向钢筋直径）。

（2）在中间节点处，两侧次梁的下部纵向钢筋伸入主梁后浇段内长度不应小于

12d（d 为纵向钢筋直径），次梁上部纵向钢筋应在现浇层内贯通，见图 4-53（b）。

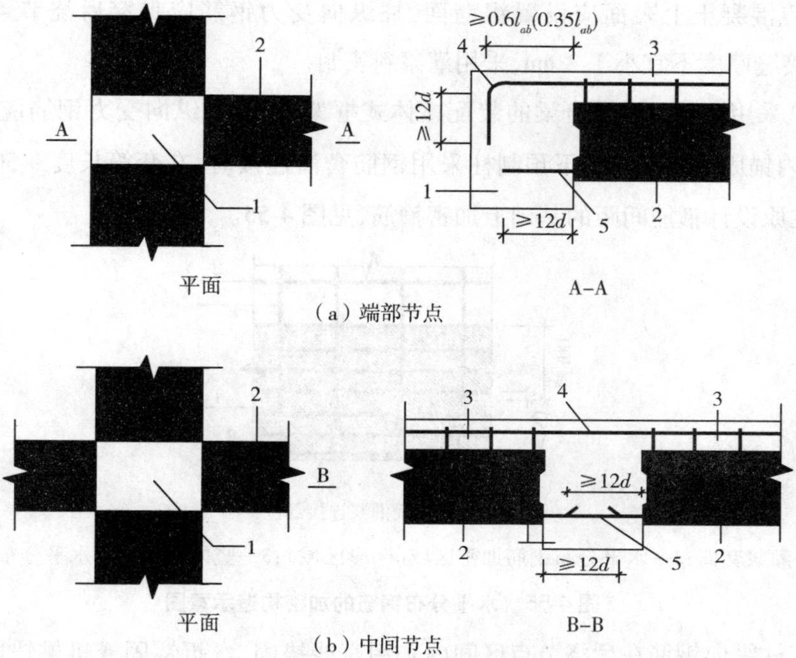

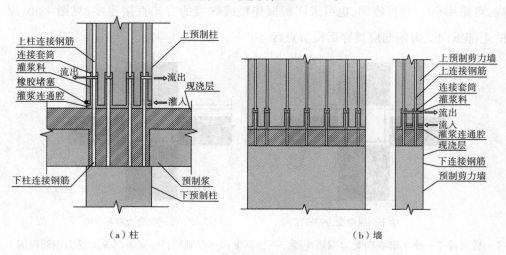

（a）端部节点

（b）中间节点

1—主梁后浇段；2—次梁；3—后浇混凝土叠合层；4—次梁上部纵向钢筋；5—次梁下部纵向钢筋。

**图 4-53　主次梁连接节点构造示意图**

3. 预制柱（墙）的节点构造

预制混凝土柱连接节点通常为湿式连接，见图 4-54。

（a）柱　　　　　　　　　　　（b）墙

**图 4-54　预制混凝土柱、墙**

（1）采用预制柱及叠合梁的装配整体式框架中，柱底接缝宜设置在楼面标高处，后浇节点混凝土上表面应设置粗糙面，柱纵向受力钢筋应贯穿后浇节点区，见图4-54。接缝厚度不宜小于2 cm，采用灌浆料密封。

（2）采用预制柱及叠合梁的装配整体式框架节点，梁纵向受力钢筋应伸入后浇节点区内锚固或连接。上下预制柱采用钢筋套筒连接时，在套筒长度 + 50 cm的范围内，在原设计箍筋间距的基础上加密箍筋，见图4-55。

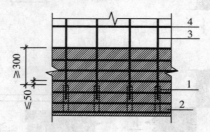

钢筋套筒灌浆连接部位

1—灌浆套筒；2—水平分布钢筋加密区域（阴影区域）；3—竖向钢筋；4—水平分布钢筋。

**图4-55　水平分布钢筋的加密构造示意图**

梁、柱纵向钢筋在后浇节点区间内采用直线锚固、弯折锚固或机械锚固方式时，其锚固长度应符合现行国家标准《混凝土结构设计规范》（GB 50010—2010，2015年版）中的有关规定。当梁、柱纵向钢筋采用锚固板时，应符合现行行业标准《钢筋锚固板应用技术规程》（JGJ 256—2011）中的有关规定。

1）对框架中间层中节点，节点两侧的梁下部纵向受力钢筋宜锚固在后浇节点区内，可采用90。弯折锚固，也可采用机械连接或焊接的方式直接连接，见图4-56；梁的上部纵向受力钢筋应贯穿后浇节点区。

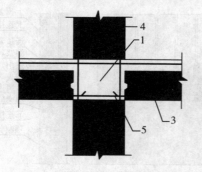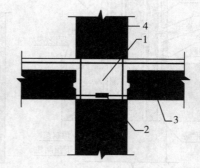

（a）梁下部纵向受力钢筋锚固　　　　（b）梁下部纵向受力钢筋连接

1—后浇区；2—梁下部纵向受力钢筋连接；3—预制梁；4—预制柱；5—梁下部纵向受力钢筋锚固。

**图4-56　预制柱及叠合梁框架中间层中节点构造示意图**

2) 对框架中间层端点，当柱截面尺寸不满足梁纵向受力钢筋的直线锚固要求时，应采用锚固板锚固，也可采用 90。弯折锚固见图 4-57。

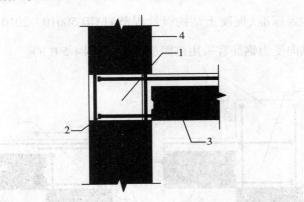

1—后浇区;2—梁纵向受力钢筋锚固;3—预制梁;4—预制柱。

**图 4-57　预制柱及叠合梁框架中间层端节点构造示意图**

3) 对框架顶层中节点，梁纵向受力钢筋的构造符合本条第 1) 款的规定。柱纵向受力钢筋宜采用直线锚固；当梁截面尺寸不满足直线锚固要求时，宜采用锚固板锚固，见图 4-58。

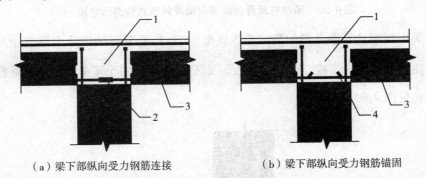

（a）梁下部纵向受力钢筋连接　　　　　　（b）梁下部纵向受力钢筋锚固

1—后浇区;2—梁下部纵向受力钢筋连接;3—预制梁;4—梁下部纵向受力钢筋锚固。

**图 4-58　预制柱及叠合梁框架顶层中节点构造示意图**

4) 对框架顶层端节点，梁下部纵向受力钢筋应锚固在后浇节点区内，且宜采用锚固板的锚固方式。梁、柱其他纵向受力钢筋的锚固应符合下列规定。

柱宜伸出屋面并将柱纵向受力钢筋锚固在伸出段内，伸出段长度不宜小于 500 mm，伸出段内箍筋间距不应大于 $5d$（$d$ 为柱纵向受力钢筋直径），且不应大于 100 mm；柱纵向受力钢筋宜采用锚固板锚固，锚固长度不应小于 $40d$；梁上部纵向受力钢筋宜采用锚固板锚固,见图4-59(a)。

柱外侧纵向受力钢筋也可与梁上部纵向受力钢筋在后浇节点区搭接,其构造要求应符合现行国家标准《混凝土结构设计规范》(GB 50010—2010,2015年版)中的规定。柱内侧纵向受力钢筋宜采用锚固板锚固,见图4-59(b)。

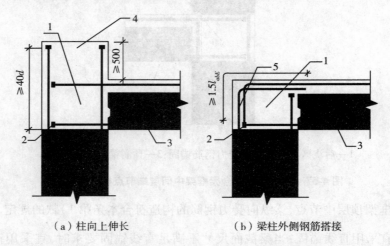

（a）柱向上伸长　　　　　　（b）梁柱外侧钢筋搭接

1—后浇区;2—梁下部纵向受力钢筋锚固;3—预制梁;4—柱延伸段;5—梁柱外侧钢筋搭接。

**图4-59　预制柱及叠合梁框架顶层端节点构造示意图**

5）采用预制柱及叠合梁的装配整体式框架节点,梁下部纵向受力钢筋也可伸至节点区外的后浇段内连接,连接接头与节点区的距离不应小于$1.5h$（$h$为梁截面有效高度）,见图4-60。

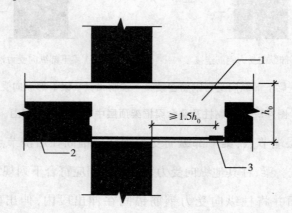

1—后浇段;2—预制梁;3—纵向受力钢筋连接。

**图4-60　梁纵向钢筋在节点区外的后浇段内连接示意图**

### （三）预制剪力墙的竖向连接

1. 预制剪力墙节点构造

预制剪力墙的顶面、底面和两侧面应处理为粗糙面或者制作键槽，与预制剪力墙连接的圈梁上表面也应处理为粗糙面。粗糙面露出的混凝土粗骨料不宜小于其最大粒径的 1/3，且粗糙面凹凸不应小于 6 mm。

根据《装配式混凝土结构技术规程》（JGJ 1—2014），对高层预制装配式墙体结构，楼层内相邻预制剪力墙的连接应符合下列规定：

（1）边缘构件应现浇，现浇段内按照现浇混凝土结构的要求设置箍筋和纵筋。预制剪力墙的水平钢筋应在现浇段内锚固，或者与现浇段内水平钢筋焊接或搭接连接。

（2）上下剪力墙板之间，先在下墙板和叠合板（装配整体式楼板）上部浇筑圈梁连续带后，座浆安装上部墙板，套筒灌浆或者浆锚搭接进行连接，见图4-61。

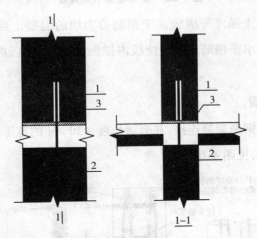

1—钢筋浆锚搭接连接；2—连接钢筋；3—座浆层。

**图4-61　连接钢筋浆锚搭接连接构造示意图**

相邻预制剪力墙板之间如无边缘构件，应设置现浇段，现浇段的宽度应同墙厚。现浇段的长度：当预制剪力墙的长度不大于 1 500 mm 时，不宜小于 150 mm；大于 1 500 mm 时，不小于 200 mm。现浇段内应设置竖向钢筋和水平环箍，竖向钢筋配筋率不小于墙体竖向布筋配筋率，水平环箍配筋率不小于墙体水平钢筋配筋率，见图4-62。

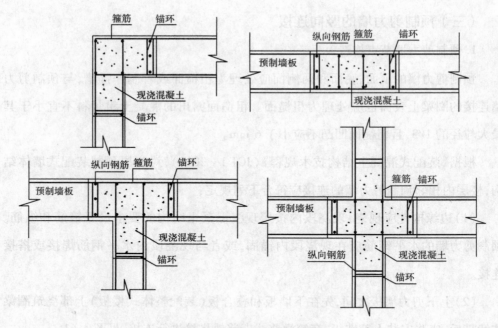

**图 4-62 预制墙板节点连接**

现浇部分的混凝土强度等级应高于预制剪力墙的混凝土强度等级两个等级或以上。预制剪力墙的水平钢筋应在现浇段内锚固,或与现浇段内水平钢筋焊接或搭接连接。

(3)钢筋加密设置。

上下剪力墙采用钢筋套筒连接,在套筒长度 +30 cm 的范围内,在原设计箍筋间距的基础上加密箍筋,见图 4-63。

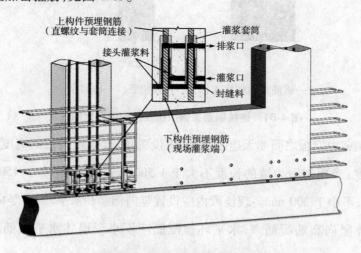

**图 4-63 钢筋套筒灌浆箍筋加密部位**

2. 预制外墙的接缝及防水设置

外墙板为建筑物的外部结构,由于会直接受到雨水的冲刷,预制外墙板接缝(包括屋面女儿墙、阳台、勒脚等处的竖缝、水平缝、十字缝等部位)必须进行处理。根据不同部位接缝的特点及当地季节性气候条件选用构造防水材料、防水或构造防水与材料防水相结合的防排水系统。

挑出外墙的阳台、雨篷等构件的周边应在板底设置滴水线。为了有效地防止外墙渗漏的发生,在外墙板接缝及门窗洞口等防水薄弱部位宜采用材料防水和构造防水相结合的做法。

(1)材料防水。

1)预制外墙板接缝采用材料防水时,必须用防水性能可靠的嵌缝材料。板缝宽度不宜大于20 mm,材料防水的嵌缝深度不得小于20 mm。对于普通嵌缝材料,在嵌缝材料外侧应勾水泥砂浆保护层,其厚度不得小于15 mm;对于高档嵌缝材料,其外侧可不做保护层。

2)高层建筑、多雨地区的预制外墙板接缝防水宜采用两道密封防水构造的做法,即在外部密封胶防水的基础上,应增设一道发泡氯丁橡胶密封防水构造。

3)预制叠合墙板间的水平拼缝处设置连接钢筋,接缝位置采用模板或者钢管封堵,待混凝土达到规定强度后拆除模板,抹平和清理干净。因后浇混凝土施工需要,在后浇混凝土位置做好临时封堵,形成企口连接,后浇混凝土施工前应将结合面凿毛处理,并用水充分润湿,再绑扎调整钢筋。防水处理同叠合式墙水平拼缝节点处理,拼缝位置的防水处理采取增设防水附加层的做法。

(2)构造防水。

构造防水是采取合适的构造形式,阻断水的通路,以达到防水的目的。如在外墙板接缝外口设置适当的线型构造(立缝的沟槽,平缝的挡水台、披水等),形成空腔,截断毛管通路,利用排水沟将渗入板缝的雨水排出墙外,防止向室内渗漏,见图4-64。

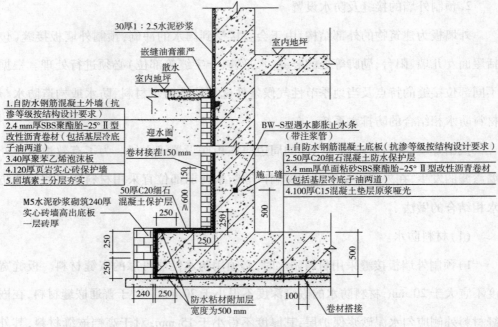

30厚1：2.5水泥砂浆

嵌缝油膏灌严

散水

室内地坪

室内地坪

1.自防水钢筋混凝土外墙（抗渗等级按结构设计要求）
2.4 mm厚SBS聚酯胎－25°Ⅱ型改性沥青卷材（包括基层冷底子油两道）
3.40厚聚苯乙烯泡沫板
4.120厚页岩实心砖保护墙
5.回填素土分层夯实

迎水面

卷材接茬150 mm

M5水泥砂浆砌筑240厚实心砖墙高出底板一层砖厚

50厚C20细石混凝土保护层

施工缝

BW-S型遇水膨胀止水条（带注浆管）
1.自防水钢筋混凝土底板（抗渗等级按结构设计要求）
2.50厚C20细石混凝土防水保护层
3.4 mm厚单面粘砂SBS聚酯胎－25°Ⅱ型改性沥青卷材（包括基层冷底子油两道）
4.100厚C15混凝土垫层原浆哑光

防水粘结附加层宽度为500 mm

卷材搭接

**图4-64　构造防水的做法**

### 3.预制内隔墙节点构造

（1）挤压成型墙板板间拼缝宽度为（5±2）mm。板必须用专用胶粘剂和嵌缝带处理。胶粘剂应挤实、粘牢，嵌缝带用嵌缝剂粘牢刮平，见图4-65。

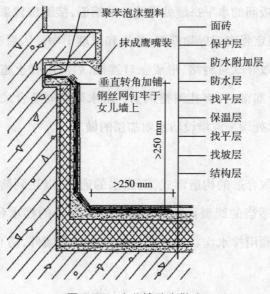

聚苯泡沫塑料

抹成鹰嘴装

垂直转角加铺钢丝网钉牢于女儿墙上

面砖
保护层
防水附加层
防水层
找平层
保温层
找平层
找坡层
结构层

**图4-65　女儿墙防水做法**

（2）预制内墙板与楼面连接处理。

墙板安装经检验合格 24 h 内,用细石混凝土(高度 > 30 mm)或 1∶2 干硬性水泥砂浆(高度 ≤ 30 mm)将板的底部填塞密实,底部填塞完成 7 d 后,撤出木楔并用 1∶2 干硬性水泥砂浆填实木楔孔,见图 4-66。

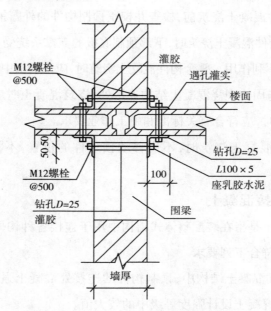

**图 4-66　预制内墙和楼面节点**

（3）门头板与结构顶板连接拼缝处理。

施工前开始清理阴角基面,涂刷专用界面剂,在接缝阴角处满刮一层专用胶粘,厚度约为 3 mm,并粘贴第一道 50 mm 宽的嵌缝带,用抹子将嵌缝带压入胶粘剂中,用胶粘剂将凹槽抹平墙面。嵌缝带宜埋于距胶粘剂完成面约 1/3 位置处并不得外露。

（4）门头板与门框板水平连接拼缝处理。

在墙板与结构板底夹角两侧 100 mm 范围内满刮胶粘剂,用抹子将嵌缝带压入胶粘剂中抹平。门头板拼缝处开裂概率较高,施工时应注意胶粘剂的饱满度,并将门头板与门框板顶实,在板缝粘结材料和填缝材料未达到强度之前,应避免使门框板受到较大的撞击。

### （四）叠合构件混凝土

叠合构件混凝土是指在装配整体式结构中用于制作混凝土叠合构件所使用的

混凝土。叠合面对于预制与现浇混凝土的结合有重要作用,在叠合构件混凝土浇筑前,应对叠合面进行表面清洁与施工技术处理,符合以下要求。

(1)叠合构件混凝土浇筑前,应清除叠合面上的杂物、浮浆及松散骨料,表面干燥时洒水润湿,洒水后不得留有积水。

(2)在叠合构件混凝土浇筑前,检查并校正预制构件的外露钢筋。

(3)保证叠合构件混凝土浇筑时,下部预制底板的支撑系统受力均匀,减小施工中不均匀分布荷载的不利作用。叠合构件混凝土浇筑时,应采取由中间向两边的方式。

(4)叠合构件与周边现浇混凝土结构连接处,浇筑混凝土时应加密振捣点,采取延长振捣时间措施时,应符合有关标准和施工作业要求。

(5)叠合构件混凝土浇筑时,不应移动预埋件的位置,不污染预埋外露连接部位。

## (五)构件连接混凝土

构件连接混凝土是指在装配整体式结构中用于连接各种构件所使用的混凝土。构件连接混凝土应符合下列要求。

(1)装配整体式混凝土结构中,预制构件的连接处混凝土强度等级不应低于所连接的各预制构件混凝土设计强度等级中的较大值。

(2)预制构件连接处的混凝土或砂浆,宜采用无收缩混凝土或砂浆,宜采取提高混凝土或砂浆早期强度的措施;在浇筑过程中应振捣密实,并符合有关标准和施工作业要求。

(3)预制构件连接节点和连接接缝部位后浇混凝土施工应符合下列规定。

1)连接接缝混凝土应连续浇筑,竖向连接接缝可逐层浇筑,混凝土分层浇筑高度应符合现行规范要求,浇筑时应采取保证混凝土浇筑密实的措施。

2)连接接缝的混凝土应连续浇筑,在底层混凝土初凝之前将上一层混凝土浇筑完毕。

3)预制构件连接节点和连接接缝部位的混凝土应加密振捣点,适当延长振捣时间。

4)预制构件连接处混凝土浇筑和振捣时,应对模板和支架进行观察和维护,发生异常情况应及时进行处理;构件接缝混凝土浇筑和振捣时,应采取措施防止模板、相连接构、钢筋、预埋件及其定位件移位。

# 第五节 预制构件制作

预制混凝土构件的生产应在工厂或符合条件的现场进行。根据场地的不同、构件的尺寸、实际需要等情况,分别采取流水生产线、固定台模法预制生产,生产设备应符合相关行业技术标准要求。构件生产企业应依据构件制作图进行预制混凝土构件的制作,并应根据预制混凝土构件的型号、形状、质量等特点制定相应的工艺流程,明确质量要求和生产阶段质量控制要点,编制完整的构件制作计划书,对预制构件的生产全过程进行质量管理和计划管理。PC 生产线效果见图 4-67,PC 生产线车间实景见图 4-68。

图 4-67 预制混凝土构件 PC 生产线效果图

图 4-68 预制混凝土构件 PC 生产钢筋加工车间

## 一、预制构件生产的工艺流程

预制构件生产的通用工艺流程见图4-69。

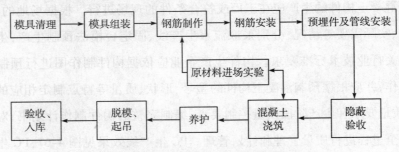

图4-69　预制混凝土构件生产线流程

## 二、预制构件制作生产模具的组装

我国预制构件装备制造业起步较晚,国内的预制构件生产线生产的预制构件种类基本满足装配整体式建筑的建设需求。目前国内的混凝土预制构件生产线以环形生产线的形式为主,以固定生产线和柔性生产线为辅,生产的主要构件多用于剪力墙体系。

(1)模具组装应按照组装顺序进行,对于特殊构件,要求钢筋先入模后组装。

(2)模具拼装时,模板接触面平整度、板面弯曲、拼装缝隙、几何尺寸等应满足相关设计要求。

(3)模具拼装应连接牢固、缝隙严密,拼装时应进行表面清洗或涂刷水性或蜡质脱模剂,接触面不应有划痕、锈渍和氧化层脱落等现象。

(4)模具组装完成后,尺寸允许偏差应符合要求,净尺寸宜比构件尺寸缩小 1 ~ 2 mm。

## 三、预制构件钢筋骨架、钢筋网片和预埋件

钢筋骨架、钢筋网片和预埋件必须严格按照构件加工图及下料单的要求制作。首件钢筋制作必须通知技术、质检及相关部门检查验收,制作过程中应当定期、定量检查,对于符合设计要求及超过允许偏差的一律不得使用,按废料处理。纵向钢筋

（带灌浆套筒）：需要套丝的钢筋，不得使用切断机下料，必须保证钢筋两端平整，套丝长度、丝距及角度必须严格按照设计图纸的要求。纵向钢筋（采用半灌浆套筒）按产品要求套丝，梁底部纵筋（直螺纹套筒连接）按照国标要求套丝，套丝机应当指定专人且有经验的工人操作，质检人员须按相关规定进行抽检。

## 四、预制构件混凝土的浇筑

按照生产计划的混凝土用量搅拌混凝土，混凝土浇筑过程中注意对钢筋网片及预埋件的保护，浇筑厚度使用专门的工具测量，严格控制，振捣后应当至少进行一次抹压。构件浇筑完成后进行一次收光，收光过程中应当检查外露的钢筋预埋件，并按照要求调整。浇筑时，洒落的混凝土应当及时清理。浇筑过程中，应充分有效振捣，避免出现漏振造成的蜂窝麻面现象，浇筑时按照实验室要求预留试块。混凝土浇筑时应符合下列要求。

（1）混凝土应均匀连续浇筑，投料高度不宜大于 500 mm。

（2）混凝土浇筑时应保证模具、门窗框、预件、连接件不发生变形或者移位，如有偏差应采取措施及时纠正。

（3）混凝土宜采用振动平台，边浇筑，边振捣，同时可采用振捣棒、平板振动器作为辅助。

（4）混凝土从出机到浇筑时间，即间歇时间不宜超过 40 min。

## 五、预制构件混凝土的养护

混凝土的养护可采用覆盖浇水和塑料薄膜覆盖的自然养护、化学保护膜养护和蒸汽养护方法。梁、柱等体积较大的预制混凝土构件宜采用自然养护方式；楼板、墙板等较薄的预制混凝土构件或冬期生产的预制混凝土构件，宜采用蒸汽养护方式。预制构件采用加热养护时，应制定相应的养护制度，预养时间宜为 1 ~ 3 h，升温速率应为 10 ~ 20 ℃/h，降温速率不应大于 10 ℃/h，梁、柱等较厚的预制构件养护温度为 40 ℃，楼板、墙板等较薄的构件养护最高温度为 60 ℃，持续养护时间应不小于 4 h。

## 六、预制构件的脱模与表面修补

（1）构件脱模应严格按照顺序拆模，严禁使用振动、敲打方式拆模；构件脱模时，应仔细检查确认构件与模具之间的连接部分完全拆除后方可起吊；起吊时，预制构件的混凝土立方体抗压强度应满足设计要求，且不应小于 15 N/mm³。

（2）构件起吊应平稳，楼板宜采用专用多点吊架进行起吊，墙板宜先采用模台翻转方式起吊，模台翻转角度不应小于 75°，然后再采用多点起吊方式脱模。复杂构件应采用专门的吊架进行起吊。

（3）构件脱模后，存在不影响结构性能、钢筋、预埋件或者连接件锚固的局部破损和构件表面的非受力裂缝时，可用修补浆料进行表面修补后使用，详见表4-3。

表 4-3　预制构件表面破损及处理方法

| 项目 | 现象 | 处理方案 | 方法 |
|---|---|---|---|
| 破损 | 1. 影响结构性能且不能恢复的破损 | 废弃 | 目测 |
| | 2. 影响钢筋、连接件、预埋件锚固的破损 | 废弃 | 目测 |
| | 3. 上述 1 和 2 以外的，破损长度超过 20 mm | 修补（1） | 目测 |
| | 4. 上述 1 和 2 以外的，破损长度 20 mm 以下 | 现场修补 | 目测 |
| 裂缝 | 1. 影响结构性能且不可恢复的裂缝 | 废弃 | 目测 |
| | 2. 影响钢筋、连接件、预埋件锚固的裂缝 | 废弃 | 目测 |
| | 3. 裂缝宽度大于 0.3 mm 且裂缝长度超过 300 mm | 废弃 | 卡尺检测 |
| | 4. 上述 1、2、3 以外的，裂缝宽度超过 0.2 mm | 修补（2） | 卡尺检测 |
| | 5. 上述 1、2、3 以外的，宽度不足 0.2 mm 且在外表面时 | 修补（3） | 卡尺检测 |

注：修补（1），用不低于混凝土设计强度的专用修补浆料修补；修补（2），用环氧树脂浆料修补；修补（3），用专用防水浆料修补。

## 七、预制构件的检验

装配整体式混凝土结构中的构件检验关系到主体的质量安全，应重视。预制构件的检验主要包含三部分：原材料检验、隐蔽工程检验、成品检验。

1. 原材料检验

预制构件生产所用的混凝土、钢筋、套筒、灌浆料、保温材料、拉结件、预埋件等应符合现行国家相关标准的规定,并应进行进厂检验,经检测合格后方可使用。预制构件采用的钢筋的规格、型号、力学性能和钢筋的加工、连接、安装等应符合现行国家标准《混凝土结构工程施工质量验收规范》(GB 50204—2015)的规定。门窗框预埋应符合现行国家标准《建筑装饰装修工程质量验收规范》(GB 50210—2018)的规定。混凝土的各项力学性能指标应符合现行国家标准《混凝土结构设计规范》(GB 50010—2010,2015 年版)的规定;钢材的各项力学性能指标应符合现行国家标准《钢结构设计规范》(GB 50017—2017)的规定;灌浆套筒的性能应符合现行国家行业标准《钢筋连接用灌浆套筒》(JG/T 398—2019)的规定;聚苯板的性能指标应符合现行国家标准《绝热用模塑聚苯乙烯泡沫塑料》(GB/T 10801.1—2002)和《绝热用挤塑聚苯乙烯泡沫塑料(XPS)》(GB/T 10801.2—2018)的规定。

2. 隐蔽工程检验

预制构件的隐蔽工程验收包含:钢筋的规格、数量、位置、间距,纵向受力钢筋的连接方式、接头位置、接头质量、接头面积百分率、搭接长度等;箍筋、横向钢筋的规格、数量、位置、间距,箍筋弯钩的弯折角度及平直段长度等;预埋件、吊点、插筋的规格、数量、位置等;灌浆套筒、预留孔洞的规格、数量、位置等;钢筋的混凝土保护层厚度;夹心外墙板的保温层位置、厚度,拉结件的规格、数量、位置等;预埋管线、线盒的规格、数量、位置及固定措施。预制构件厂的相应管理部门应及时对预制构件混凝土浇筑前的隐蔽分项进行自检,并做好验收记录。

3. 成品检验

预制构件在出厂前应进行成品质量验收,其检查项目包括:预制构件的外观质量、预制构件的外形尺寸、预制构件的钢筋、连接套筒、预埋件、预留孔洞、预制构件的外装饰和门窗框。其检查结果和方法应符合国家现行标准的规定。

## 八、预制构件的标识

预制构件验收合格后,应在明显部位标识构件型号、生产日期和质量验收合格标志。预制构件脱模后,应在其表面醒目位置按构件设计制作图规定对每件构件编码。预制构件生产企业应按照有关标准规定或合同要求,对其供应的产品签发产品质量证明书,明确重要参数,有特殊要求的产品还应提供安装说明书。

## 九、预制构件的储存和运输

（1）预制构件的堆放储存应符合下列规定：堆放场地应平整、坚实，并应有排水措施；放构件的支垫应坚实；预制构件的堆放应将预埋吊件向上，标志向外；垫木或垫块在构件下的位置宜与脱模、吊装时的起吊位置一致；重叠堆放构件时，每层构件间的垫木或垫块应在同一垂直线上；堆垛层数应根据构件与垫木或垫块的承载能力及堆垛的稳定性确定。

（2）预制构件的运输应制定运输计划及方案，包括运输时间、次序、堆放场地、运输线路、固定要求、堆放支垫及成品保护措施等内容。对于超高、超宽、形状特殊的大型构件的运输和堆放，应采取专门质量安全保证措施。

第五章

# 装配整体式混凝土结构施工技术

# 第一节 施 工 流 程

## 一、装配整体式框架结构的施工流程

预制构件的生产应在工厂加工（图5-1），分别采取流动模台法或固定模台法预制生产，生产设备应符合相关行业技术标准的要求。构件生产企业应依据设计单位提供的设计深化图进行预制构件的制作，应根据预制构件的型号、形状、重量等特点制定相应的工艺流程，对预制构件的生产全过程进行质量管理和计划管理。

**图5-1 预制构件生产流水线车间**

装配整体式框剪力结构是以预制柱（或现浇柱）、叠合板（装配整体式楼板）、叠合梁为主要预制构件，并通过叠合板（装配整体式楼板）的现浇以及节点部位的后浇混凝土而形成的混凝土结构，其承载力和变形满足现行国家规范的应用要求，见图5-2。

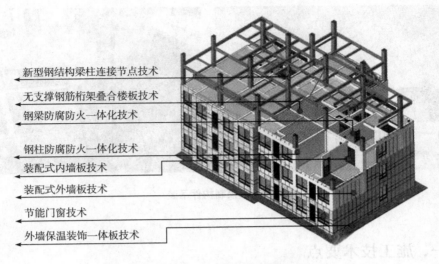

新型钢结构梁柱连接节点技术

无支撑钢筋桁架叠合楼板技术

钢梁防腐防火一体化技术

钢柱防腐防火一体化技术

装配式内墙板技术

装配式外墙板技术

节能门窗技术

外墙保温装饰一体板技术

图 5-2　装配整体式结构

## 二、装配整体式剪力墙结构的施工流程

装配整体式剪力墙结构由水平受力构件和竖向受力构件组成,构件采用工厂化生产(或现浇剪力墙),运至施工现场后经过装配及后浇叠合形成整体,其连接节点通过后浇混凝土结合,水平向钢筋通过机械连接或其他方式连接,竖向钢筋通过钢筋灌浆套筒连接或其他方式连接。

预制构件生产的通用工艺流程为:建筑制作图设计、构件拆卸设计(构件模板配筋图、预埋件设计图)、模具设计、模具制造、模台清理、模具组装、脱模剂、粗骨料剂涂刷、钢筋加工绑扎、水电、预埋件、门窗预埋、隐蔽工程验收、混凝土浇筑、养护、脱模、起吊、表面处理、质检、构件成品入库或运输。

# 第二节　构　件　安　装

预制框架吊装见图 5-3。

图 5-3　预制构件吊装

## 一、施工技术要点

（1）根据预制柱平面各轴的控制线和柱框线校核预埋套管位置的偏移情况，做好施工记录，预制柱有小距离的偏移需借助协助就位设备进行调整。

（2）检查预制柱进场的尺寸、规格及混凝土的强度是否符合设计和规范要求，检查柱上预留套管及预留钢筋是否满足图纸要求，套管内是否有杂物，同时做好施工记录，并与现场预留套管的检查记录进行核对，无问题方可进行吊装。

（3）吊装前在柱四角放置金属垫块，利于预制柱的垂直度校正，按照设计标高，结合柱子长度对偏差进行确认。用经纬仪控制垂直度，若有少许偏差运用千斤顶、撬杠等进行调整。

（4）柱初步就位时，应将预制柱钢筋与下层预制柱的预留钢筋初步试对，无问题后准备进行固定。

（5）预制柱接头连接采用套筒灌浆连接技术。

1）柱脚四周采用座浆材料封边，形成密闭灌浆腔，保证在最大灌浆压力（约1 MPa）下密封有效。

2）如所有连接接头的灌浆口都未被封堵，当灌浆口漏出液时，应立即用胶塞进行封堵牢固；如排浆孔事先封堵胶塞，摘除其上的封堵胶塞，直至所有灌浆孔都流出浆液并已封堵后等待排浆孔出浆。

3）一个灌浆单元只能从一个灌浆口注入，不得同时从多个灌浆口注浆。

## 二、预制梁施工技术要点

### （一）预制梁吊装施工流程

预制梁进场验收合格、按照图纸放线（边控制线）、设置梁底支撑、拉设安全绳、预制梁起吊、预制梁就位安装、微调就位、摘勾等施工流程。

预制梁安装见图5-4。

**图5-4　预制梁安装**

### （二）施工技术要点

（1）测出柱顶与梁底标高误差，在柱上弹出梁边控制线。

（2）在构件上标明每个构件所属的吊装顺序和编号，便于吊装工人辨认。

（3）梁底支撑采用立杆支撑＋可调顶托＋（100 mm×100 mm）木方，预制梁的标高通过支撑体系的顶丝来调节，见图5-4所示。

（4）梁起吊时，用吊索钩住扁担梁的吊环，吊索应有足够的长度以保证吊索和扁担梁之间的角度≥60°。

（5）当梁初步就位后，借助柱头上的梁定位线将梁精确校正，在调平的同时将下部可调支撑上紧，这时方可松去吊钩。

（6）主梁吊装结束后，根据柱上已放出的梁边和梁端控制线，检查主梁上的次梁缺口位置是否正确，如不正确，需做相应处理后方可吊装次梁，梁在吊装过程中要按柱对称吊装。

（7）预制梁板柱接头连接。

1）键槽混凝土浇筑前应将键槽内的杂物清理干净，并提前24 h浇水湿润。

2）键槽钢筋绑扎时，为确保钢筋位置的准确，键槽预留 U 形开口箍，待梁柱钢筋绑扎完成后，在键槽上安装 n 形开口箍与原预留 U 形开口箍双面焊接 $5d$（$d$ 为钢筋直径）。

## 三、预制剪力墙施工技术要点

### （一）预制剪力墙吊装施工流程

预制剪力墙进场验收合格、按图放线、安装吊具、预制剪力墙垂直校正、预制剪力墙吊装、预留钢筋插入就位、水平调整、竖向校正、斜支撑固定、摘勾。

### （二）施工技术要点

（1）承重墙板吊装准备：由于吊装作业需要连续进行，所以吊装前的准备工作非常重要。首先在吊装就位之前将所有柱、墙的位置在地面弹好墨线，根据后置埋件布置图，采用后钻孔法安装预制构件定位卡具，并进行复核检查；同时对起重设备进行安全检查，并在空载状态下对吊臂角度、负载能力、吊绳等进行检查，对吊装困难的部件进行空载实际演练（必须进行），将导链、斜撑杆、膨胀螺栓、扳手、2 m 靠尺、开孔电钻等工具准备齐全，操作人员对操作工具进行清点。检查预制构件预留灌浆套筒是否有缺陷、杂物和油污，保证灌浆套筒完好，提前架好经纬仪、激光水准仪并调平。填写施工准备情况登记表，施工现场负责人检查核对签字后方可开始吊装。

（2）起吊预制墙板：吊装时采用带捯链的扁担式吊装设备，加设缆风绳，其吊装见图5-5。

图 5-5　预制剪力墙安装

（3）顺着吊装前所弹墨线缓缓下放墙板，吊装经过的区域下方设置警戒区，施工人员应撤离，由信号工指挥就位时，待构件下降至作业面 1 m 左右高度时施工人员方可靠近操作，以保证操作人员的安全。墙板下放好垫块，垫块保证墙板底标高的正确（注：也可提前在预制墙板上安装定位角码，顺着定位角码的位置安放墙板）。

（4）墙板底部局部套筒若未对准时，可使用捯链将墙板手动微调，重新对孔。底部没有灌浆套筒的外填充墙板直接顺着角码缓缓放下墙板，垫板造成的空隙可用座浆方式填补。为防止座浆料填充到外叶板之间，在苯板处补充 50 mm × 20 mm 的保温板（或橡胶止水条）堵塞缝隙。

（5）垂直坐落在准确的位置后，使用激光水准仪复核水平方向是否有偏差，无误差后，利用预制墙板上的预埋螺栓和地面后置膨胀螺栓（将膨胀螺栓在环氧树脂内蘸一下，立即打入地面）安装斜支撑杆，用检测尺检测预制墙体垂直度及复测墙顶标高后，利用斜撑杆调节好墙体的垂直度，方可松开吊钩（注：调节斜撑杆时必须两名工人同时间、同方向进行操作），见图 5-6。

图 5-6　剪力墙安装支撑调节

（6）斜撑杆调节完毕后，再次校核墙体的水平位置和标高、垂直度及相邻墙体的平整度。检查工具：经纬仪、水准仪、靠尺、水平尺（或软管）、铅锤、拉线。

（7）预制剪力墙钢筋竖向接头连接采用套筒灌浆连接，具体要求如下。

1）灌浆前应制定灌浆操作的专项质量保证措施。

2）应按产品使用要求计量灌浆料和水的用量并搅拌均匀，灌浆料拌合物的流动度应满足现行国家相关标准和设计要求。

3）将预制墙板底的灌浆连接腔用高强度水泥基座浆材料进行密封（防止灌浆前异物进入腔内）；墙板底部采用座浆材料封边，形成密封灌浆腔，保证在最大灌浆压力（1 MPa）下密封有效。

4）灌浆料拌合物应在制备后 0.5 h 内用完；灌浆作业应采取压浆法从下口灌注，浆料从上口流出时应及时封闭；宜采用专用堵头封闭，封闭后灌浆料不应有任何外漏。

5）灌浆施工时宜控制环境温度，必要时，应对连接处采取保温加热措施。

6）灌浆作业完成后 12 h 内，构件和灌浆连接接头不应受到振动或冲击。

# 四、预制楼（屋）面板施工技术要点

## （一）预制楼（屋）面板吊装施工流程

预制板进场验收合格、放控制线、搭设板底支撑、预制板吊装、预制板预留钢筋就位、预制板微调、摘勾。

## （二）施工技术要点

（1）进场验收。

1）进场验收主要是检查资料及外观质量，防止在运输过程中发生损坏现象，验收应满足现行施工及验收规范的要求。

2）预制板进入工地现场，堆放场地应夯实平整，并应防止地面不均匀下沉。预制带肋底板应按照不同型号、规格分类堆放。预制带肋底板应采用板肋朝上叠放的堆放方式，严禁倒置，各层预制带肋底板下部应设置垫木，垫木应上下对齐，不得脱空。堆放层数不应大于 7 层，并有稳固措施。

（2）在每条吊装完成的梁或墙上测量并弹出相应预制板四周控制线，并在构件上标明每个构件所属的吊装顺序和编号，便于吊装工人辨认。

（3）在叠合板（装配整体式楼板）两端部位设置临时可调节支撑杆，预制楼板的支撑设置应符合以下要求。

1）支撑架体应具有足够的承载能力、刚度和稳定性，应能可靠地承受混凝土构件的自重和施工过程中所产生的荷载及风荷载。

2）确保支撑系统的间距及距离墙、柱、梁边的净距符合系统验算要求，上下层支撑应在同一直线上。板下支撑间距不大于3.3 m。

当支撑间距大于3.3 m且板面施工荷载较大时，跨中需在预制板中间加设支撑，见图5-7。

图5-7 叠合板（装配整体式楼板）支撑

（4）在可调节顶撑上架设木方，调节木方顶面至板底设计标高，开始吊装预制楼板，见图5-8，预制带肋底板的吊点位置应合理设置，起吊就位应垂直平稳，两点起吊或多起吊时，吊索与板水平面所成夹角不宜小于60°，不应小于45°。

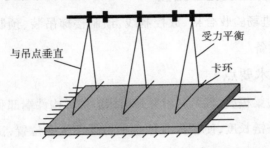

图5-8 叠合板（装配整体式楼板）吊装示意图

（5）吊装应按顺序连续进行，板吊至柱上方3～6 cm后，调整板位置使锚固筋梁箍筋错开便于就位,板边线基本与控线吻合。将预制楼板坐落在木方顶面,检查板底与预制叠合梁的接缝是否到位,预制楼板钢筋入墙长度是否符合要求,直至吊装完成。见图5-9。

安装预制带肋底板时,其搁置长度应满足设计要求。预制带肋底板与梁或墙间设置不大于20 mm的座浆或垫片。实心板侧边的拼缝构造形式可采用直平边、双齿边、斜平边、部分斜平边等。实心平板端部伸出的纵向受力钢筋即胡子筋,当胡子筋影响预制带肋底板铺板施工时,可在一端不预留胡子筋,并在不预留胡子筋一端的实心平板上方设置端部连接钢筋代替胡子筋,端部连接筋应沿板端交错布置,端部连接钢筋支座锚固长度不应小于10$d$,深入板内长度不应小于150 mm。

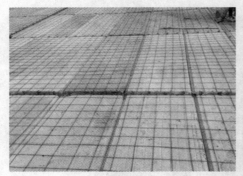

**图5-9 叠合板(装配整体式楼板)的安装**

(6)当一跨板吊装结束后,要根据板四周边线及板柱上弹出的标高控制线对板标高及位置进行精确调整,误差控制在2 mm以内。

## 五、预制楼梯施工技术要点

### (一)预制楼梯安装施工流程

预制楼梯构件进场验收合格、放控制线、预制楼梯吊装、预制楼梯安装就位、楼梯微调、拆除吊装设备。

### (二)施工技术要点

(1)楼梯间周边梁板叠合后,测量并弹出相应楼梯构件端部和侧边的控制线。

(2)调整索具铁链长度,使楼梯段休息平台处于水平位置,试吊预制楼梯板,检查吊点位置是否准确,吊索受力是否均匀等,试起吊高度不应超过1 m。

(3)楼梯吊至梁上方30~50 cm后,调整楼梯位置使上下平台锚固筋与梁箍筋错开,板边线基本与控制线吻合。

(4)根据已放出的楼梯控制线,用就位协助设备等将构件根据控制线精确就位,先保证楼梯两侧准确就位,再使用水平尺和捯链调节楼梯水平。

(5)调节支撑板就位后调节支撑立杆,确保所有立杆全部受力,见图5-10、图5-11。

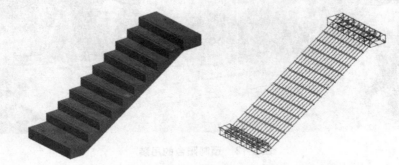

**图5-10　预制楼梯的结构及成品**

**图5-11　预制楼梯的吊装和安装**

## 六、预制阳台、空调板施工技术要点

### (一)预制阳台、空调板安装施工流程

预制构件进场验收、放控制线、预制构件吊装装具准备、预制构件吊装、预制构件安装就位、预制构件安装微调、摘勾。

### (二)施工技术要点

(1)每块预制构件吊装前测量并弹出相应周边(隔板、梁、柱)控制线。

(2)板底支撑采用钢管脚手架 + 可调顶托 + (100 mm × 100 mm)木方,板吊装前应检查是否有可调支撑高出设计标高,校对预制梁及隔板之间的尺寸是否有偏差,并做相应调整。见图 5-12。

图 5-12　预制阳台的吊装

（3）预制构件吊至设计位置上方 3~6 cm 后，调整位置使锚固筋与已完成结构预留筋错开便于就位，构件边线基本与控制线吻合。

（4）当一跨板吊装结束后，要根据板周边线、隔板上弹出的标高控制线对板标高及位置进行精确调整，误差控制在 2 mm 以内。

## 七、预制外墙挂板施工技术要点

### （一）外围护墙安装施工流程

预制构件进场验收、放控制线、构件固定件安装、预制构件吊装、挂板安装就位、安装微调、缝隙处理、摘勾、安装完成。

### （二）施工技术要点

1. 外墙挂板施工前准备

每层楼面轴线垂直控制点不应少于 4 个，楼层上的控制轴线应使用经纬仪由底层原始点直接向上引测；每个楼层应设置 1 个高程控制点；预制构件控制线应由轴线引出，每块预制构件应有纵横控制线 2 条；预制外墙挂板安装前应在墙板内侧弹出竖向与水平线，安装时应与楼层上该墙板控制线相对应。当采用饰面砖外装饰时，饰面砖竖向、横向砖缝应引测。贯通到外墙内侧来控制相邻板与板之间、层与层之间饰面砖砖缝对直；测量预制外墙板垂直度，4 个角留设的测点为预制外墙板转换控制点，用靠尺以此 4 个点在内侧进行垂直度校核和测量；应在预制外墙板顶部设置水平标高点,在上层预制外墙板吊装时,应先垫垫块或在构件上预埋标高控制调节件。

2. 外墙挂板的吊装

预制构件应按照施工方案吊装顺序预先编号,严格按照编号顺序起吊。吊装应采用慢起、稳升、缓放的操作方式,应系好缆风绳控制构件转动。在吊装过程中,应保持稳定,不得偏斜、摇摆和扭转。预制外墙板的校核与偏差调整应按以下要求进行:

(1)预制外墙挂板侧面中线及板面垂直度的校核,应以中线为主调整。

(2)预制外墙板上下校正时,应以竖缝为主调整。

(3)墙板接缝应以满足外墙面平整为主,内墙面不平或翘曲时,可在内装饰或内保温层内调整。

(4)预制外墙板山墙阳角与相邻板的校正,以阳角为基准调整。

(5)预制外墙板拼缝平整的校核,应以楼地面水平线为准调整。

3. 外墙挂板底部固定、外侧封堵

外墙挂板底部座浆材料的强度等级不应小于被连接构件的强度,座浆层的厚度不宜大于 20 mm,底部座浆强度检验以每层为一个检验批,每工作班组应制作一组且每层不应少于 3 组边的立方体试件,标准养护 28 d 后进行抗压强度试验。为了防止外墙挂板外侧座浆料外漏,应在外侧保温板部位固定 50 mm(宽)×20 mm(厚)的具备 A 级保温性能的材料,或者采用预埋 50 mm×50 mm 角铁进行封堵。

预制构件吊装到位后,应立即进行下部螺栓固定,并做好防腐防锈处理。上部预留钢筋与叠合板(装配整体式楼板)钢筋或框架梁预埋件焊接。

4. 预制外墙挂板连接接缝施工

预制外墙挂板连接接缝采用防水密封胶施工时应符合下列规定:

(1)预制外墙板连接接缝防水节点基层及空腔排水构造做法应符合设计要求。

(2)预制外墙挂板外侧水平、竖直接缝的防水密封胶封堵前,侧壁应清理干净,保持干燥。嵌缝材料应与挂板牢固黏结,不得漏嵌和虚粘。

(3)外侧竖缝及水平缝防水密封胶的注胶宽度、厚度应符合设计要求,防水密封胶应在预制外墙挂板校核固定后嵌填,先安放填充材料,然后注胶。防水密封胶应均匀顺直,饱满密实,表面光滑连续。

（4）外墙挂板"十"字拼缝处的防水密封胶注胶连续完成，见图5-13。

图5-13　预制挂板的安装

# 八、预制内隔墙施工技术要点

## （一）预制内隔墙安装施工流程

预制构件进场验收、放控制线、构件固定件安装、预制构件吊装、挂板安装就位、安装微调、缝隙处理、摘勾、安装完成。

## （二）操作要点

（1）对照图纸在现场弹出轴线，并按排板设计标明每块板的位置，放线后需经技术员校核认可。

（2）预制构件应按照施工方案吊装顺序预先编号，严格按照编号顺序起吊；吊装应采用慢起、稳升、缓放的操作方式，应系好缆风绳控制构件转动；在吊装过程中，应保持稳定，不得偏斜、摇摆和扭转。

吊装前在底板上测量、放线（也可提前在墙板上安装定位角码）。将安装位置洒水阴湿，地面上、墙板下放好垫块，垫块保证墙板底标高的正确。垫板造成的空隙可用座浆方式填补，座浆的具体技术要求同外墙板的座浆。

起吊内墙板，沿着所弹墨线缓缓下放，直至座浆密实，复测墙板水平位置是否有偏差，确定无偏差后，利用预制墙板上的预埋螺栓和地面后置膨胀螺栓（将膨胀螺栓在环氧树脂内蘸一下，立即打入地面）安装斜支撑杆，复测墙板顶标高后方可松开吊钩。

利用斜撑杆调节墙板垂直度（注：在利用斜撑杆调节墙板垂直度时，必须两名工人同时间、同方向，分别调节两根斜撑杆）；刮平并补齐底部缝隙的座浆。复核墙体的水平位置和标高、垂直度以及相邻墙体的平整度。

检查工具：经纬仪、水准仪、靠尺、水平尺(或软管)、铅锤、拉线。

填写预制构件安装验收表，施工现场负责人及甲方代表、项目管理、监理单位签字后进入下道工序(注：留存完成前后的影像资料)。

(3)内填充墙底部座浆、墙体临时支撑。

内填充墙底部座浆材料的强度等级不应小于被连接构件的强度，座浆层的厚度不应大于 20 mm，底部座浆强度检验以每层为一个检验批，每工作班组应制作一组且每层不应少于 3 组边长为 70.7 mm 的立方体试件，标准养护 28 d 后进行抗压强度试验。预制构件吊装到位后，应立即进行墙体的临时支撑工作，每个预制构件的临时支撑不宜少于 2 道，其支撑点距离板底的距离不宜小于构件高度的 2/3，且不应小于构件高度的 1/2。安装好斜支撑后，通过微调临时斜支撑，使预制构件的位置和垂直度满足规范要求，最后拆除吊钩，进行下一块墙板的吊装工作。

# 第三节　钢筋套筒灌浆技术要点

灌浆套筒进场时，应抽取套筒并采用与之匹配的灌浆料制作对中连接接头，并作抗拉强度检验，检验结果应符合《钢筋机械连接技术规程》(JGJ 107—2016)中接头对抗拉强度的要求。

灌浆套筒分为全灌浆套筒和板灌浆套筒。灌浆套筒钢筋连接注浆工序性能特点如下。

(1)套筒连接强度高：接头强度达到行业标准《钢筋机械连接通用技术规程》(JGJ 107—2016)中的Ⅰ级接头性能的要求，钢筋接头抗拉强度不小于被连接钢筋实际抗拉强度或钢筋抗拉强度标准值的 1.1 倍，残余变形小并具有高延性及反复拉压性能。

(2)套筒加工与高强砂浆工厂化作业，质量稳定，不占用施工工期。

(3)独特的定位与密封设计使套筒与钢筋现场安装以及预制构件的拼装快速、精确。

(4)适用范围广：适用于直径 16～50 mm 钢筋的连接。

# 一、全灌浆式钢筋连接套筒构造

GT 型全灌浆式钢筋连接用套筒由连接套筒、钢筋、套筒灌浆料、灌浆管、管堵、密封环、密封端盖及密封柱塞组成,见图 5-14。

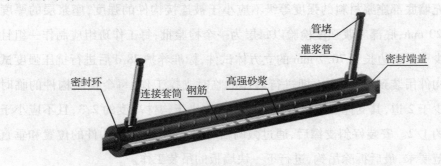

**图 5-14　全灌浆式钢筋连接套筒示意图**

如图 5-15 连接套筒以及表 5-1 常用灌浆套筒标准参数。

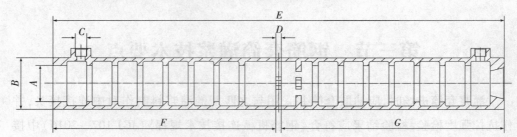

**图 5-15　连接套筒示意图**

**表 5-1　常用全灌浆套筒尺寸参数**

| 规格 | 套筒尺寸 | | | | | 钢筋插入长度 | | | |
|---|---|---|---|---|---|---|---|---|---|
| | $A$ | $B$ | $C$ | $D$ | $E$ | $F_{max}$ | $F_{min}$ | $G_{max}$ | $G_{min}$ |
| GT32 | 55 | 75 | G3/4 | 10 | 640 | 315 | 283 | 315 | 283 |
| GT36 | 60 | 81 | G3/4 | 10 | 720 | 355 | 319 | 355 | 319 |
| GT40 | 70 | 95 | G3/4 | 10 | 800 | 395 | 355 | 395 | 355 |
| GT50 | 83 | 115 | G3/4 | 15 | 1000 | 492 | 442 | 492 | 442 |

满足《钢筋连接用灌浆套筒》(JG/T 398—2012)的要求;套筒采用球墨铸铁制造,材料符合《球墨铸铁件》(GB/T 1348—2019)的规定,套筒内壁设有交替布置的凹槽与凸肋,有利于钢筋与高强砂浆、高强砂浆与套筒之间力的传递。

全灌浆套筒一端孔口尺寸较小(见图 5-15 中的右端)为预埋端,该端孔口安装密封环;全灌浆套筒的另一端孔口尺寸较大(见图 5-15 中的左端)为现场装配端,该端孔口与钢筋有较大的间隙,保证现场安装时能吸收构件制造上的误差与安装偏差。

全灌浆套筒内孔中部靠预埋端侧分别设有轴向定位与横向定位的凸肋,保证预埋端的钢筋穿入时能快速定位;套筒两端侧面设有与灌浆管或出浆管连接的螺纹孔;套筒外表面上铸有商标及其规格型号字码。

## 二、半灌浆式钢筋连接套筒构造

半灌浆式钢筋连接套筒由连接套筒、钢筋、高强砂浆(或称灌浆料)、灌浆管、管堵及密封端盖组成。如图 5-16 所示,除连接套筒外,其他零部件与全灌浆式钢筋连接套筒中的零件相同。

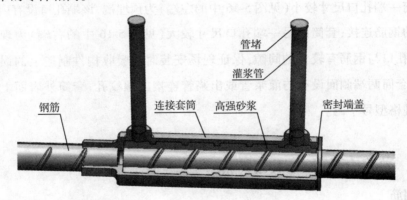

**图 5-16 半灌浆式连接套筒示意图**

如图 5-17 连接套筒以及表 5-2 常用灌浆套筒标准参数。

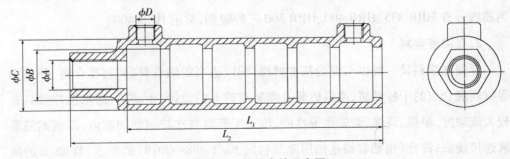

**图 5-17 连接套筒示意图**

表 5-2  常用半灌浆套筒尺寸参数

| 规格 | $\phi A$ | $\phi B$ | $\phi C$ | $\phi D$ | $L_1$ | $L_2$ |
|------|----------|----------|----------|----------|-------|-------|
| GTB32 | M32.5×3 | 55 | 75 | G3/4 | 350 | 410 |
| GTB36 | M36.5×3 | 60 | 81 | G3/4 | 400 | 460 |
| GTB40 | M40.5×3 | 70 | 95 | G3/4 | 460 | 525 |
| GTB50 | M50.5×3 | 83 | 115 | G3/4 | 550 | 610 |

注:尺寸可根据工程需要做修改。

满足《钢筋连接用灌浆套筒》的要求;套筒采用球墨铸铁制造,材料符合《球墨铸铁件》(GB/T 1348—2019)的规定:抗拉强度大于 600 MPa,延伸率大于 3%,球化率大于 85%。套筒大部分内壁设有交替布置的凹槽与凸肋,这有利于钢筋与高强砂浆、高强砂浆与套筒之间力的传递。

套筒一端孔口尺寸较小(见图 5-16 中的左端)为预埋端,该端孔口设有内螺纹与外螺纹的钢筋连接;套筒的另一端孔口尺寸较大(见图 5-16 中的右端)为现场装配端,该端孔口与钢筋有较大的间隙,保证现场安装时能吸收构件制造上的误差与安装偏差;套筒两端侧面设有与灌浆管或出浆管连接的螺纹孔;套筒外表面上铸有商标及其规格型号字码。

## 三、灌浆套筒施工工艺特点

### 1. 钢筋

符合《钢筋混凝土用钢》(GB 1499.2—2018)及《钢筋混凝土用余热处理钢筋》(GB 13014—2013)的要求;钢筋直径为 16~50 mm,根据工程设计的规格进行选购;钢筋牌号有 HRB 335、HRB 400、HRB 500 三种级别,常用 HRB 400。

### 2. 套筒灌浆料

套筒灌浆料是一种以水泥为基本材料,配以适当的细骨料、矿物掺合料、外加剂等材料混合成的干粉砂浆;高强砂浆是灌浆套筒专门设计、生产的,加水搅拌后具有较大流动度、早强、高强、微膨胀等性能,填充于套筒与连接钢筋间隙内,形成钢筋灌浆连接接头;符合《钢筋套筒连接用灌浆料》(JG/T 408—2019)的要求,且 28 d 的抗压强度不小于 100 MPa;如表 5-3 的高强砂浆注量,高强砂浆按每袋 50 kg 提供,每袋高强砂浆可灌注的套筒数大概如下,注意灌浆管中所需的量不计算在内。

表 5-3 高强砂浆灌注量

| 规格 | GT16 | GT20 | GT25 | GT28 | GT32 | GT36 | GT40 | GT50 |
|---|---|---|---|---|---|---|---|---|
| 每袋砂浆可灌套筒数量 | 36 | 25 | 17 | 13 | 11 | 9 | 7 | 4 |

　　高强砂浆搅拌用水需符合混凝土用水标准,水灰比为 0.12,允许用水误差为水质量的 ±5%,在开始实际灌浆前应通过搅拌试验来确定准确的用水量。如表 5-4 的套筒灌浆料的性能指标。

　　高强砂浆的工作温度一般在 5 ℃ ~ 35 ℃,超出此温度范围的建议不工作或采取额外的措施。

表 5-4 套筒灌浆料的性能指标

| 检测项目 | | 性能指标 |
|---|---|---|
| 流动度/mm | 初始 | ≥300 |
| | 30 min | ≥260 |
| 抗压强度/MPa | 1 d | ≥35 |
| | 3 d | ≥60 |
| | 28 d | ≥100 |
| 竖向膨胀率/% | 3 h | ≥0.02 |
| | 24 h 与 3 h 差值 | 0.02 ~ 0.5 |
| 氯离子含量/% | | ≤0.03 |
| 泌水率/% | | 0 |

3. 拼接面专用砂浆

　　不同构件拼接缝间的拼接面专用砂浆,具有强度高、无收缩、可工作时间长、不泌水、对钢筋无锈蚀等特点。如表 5-5 拼接面专用砂浆的性能指标。

表 5-5 拼接面专用砂浆的性能指标

| 检测项目 | | 性能指标 |
|---|---|---|
| 抗压强度/MPa | 1 d | ≥20 |
| | 3 d | ≥40 |
| | 28 d | ≥60 |
| 竖向膨胀率/% | 3 h | ≥0.02 |
| | 24 h 与 3 h 差值 | 0.02 ~ 0.5 |
| 泌水率/% | | 0 |

**4. 灌浆管**

灌浆管的一端头设计有螺纹与套筒连接,可采用 PVC 管/PE 管/钢管制成,内孔不小于 15 mm,能承受 1 MPa 的灌浆压力;套筒两端侧面各设计一根管,一根用于灌浆,一根用于出浆。客户可根据现场情况自行配制。

**5. 管堵**

管堵由橡胶或塑料制成,用于灌浆前和灌浆后对灌浆管进行封堵,在灌浆前封堵以防止杂物和混凝土浇筑时进入管内,在灌浆后封堵以防止已灌入套筒中的高强砂浆泄漏,见图 5-18。

图 5-18　管堵

**6. 密封环**

一般由橡胶制造,锥形的密封环有利于钢筋对中且安装方便;安装于套筒的预埋端,防止预制时混凝土进入套筒,见图 5-19。

图 5-19　密封环

**7. 密封端盖**

一般由橡胶或塑料制造,用于套筒的装配端;两构件拼装前安装,防止两构件中间的垫层砂浆进入套筒,见图 5-20。

图 5-20　密封端盖

8.密封柱塞

密封柱塞是由圆形橡胶环与螺栓、螺母等组成的一个定位与密封用装置,用于把灌浆套筒定位于端模板上并实现密封,防止混凝土浇筑时混凝土进入套筒内,混凝土硬化后要取下来,密封柱塞不作为结构连接的一部分,可以重复使用,见图5-21。

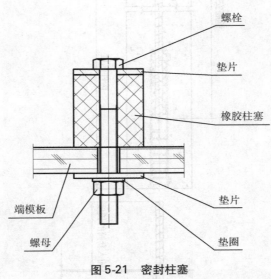

图 5-21　密封柱塞

根据施工场地不同,分为预制场构件预制和现场构件拼装两阶段施工。下面是以预制柱为例的施工工法,其他预制构件的施工工法可参照执行。

## 四、预制场构件预制施工工艺

确定钢筋长度:通常情况下根据工程设计图确定钢筋的总长、钢筋突出构件端面的长度。如工程图没有明确,可参照以下方法确定。

钢筋突出构件端面的长度等于两端面之间垫层的厚度加上允许的钢筋插入套筒中的长度(图5-15、图5-17中的尺寸 F,注意尺寸 F 允许的公差)。总的钢筋安装长度等于构件高度加上两端面之间垫层的厚度。垫层的厚度由设计确定,一般为10～20 mm,见图5-22。

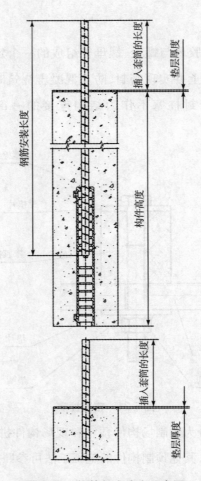

**图 5-22　钢筋长度确定示意图**

套筒及其配件安装：根据设计要求，核查套筒及其配件是否齐全，规格是否正确，如密封柱塞、密封环、灌浆管和管堵等。密封柱塞安装：在端模板上精确定位出套筒的安装位置，把密封柱塞安装于端模模板上，见图 5-23。

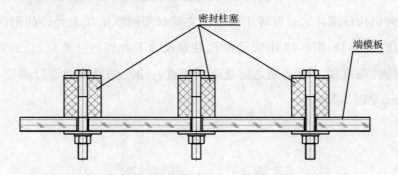

**图 5-23　密封柱塞在端模板上安装示意图**

套筒安装：把套筒装配端（大孔口端）套入密封柱塞至套筒端面贴紧端模板，用工具（如扳手）拧紧端模板外面的螺母，橡胶柱塞在螺栓拉力作用下向外膨胀使得橡胶柱塞与套筒内壁紧密贴合，实现对套筒的定位密封。见图5-24，安装时注意两端侧面的螺纹孔口应向外垂直于构件端面，以方便灌浆管与出浆管与其连接。

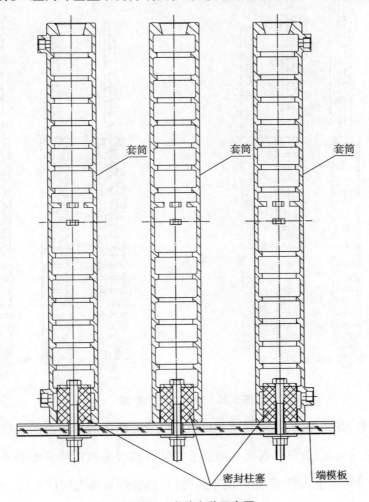

**图5-24　套筒安装示意图**

预埋端钢筋安装：把密封环套入钢筋至离钢筋端头距离大于1/2套筒长度，见图5-25，把钢筋插入套筒直至套筒中部的定位肋，用工具把密封环塞入套筒端口，为保证密封可靠，需加涂密封胶或填缝剂等密封材料。

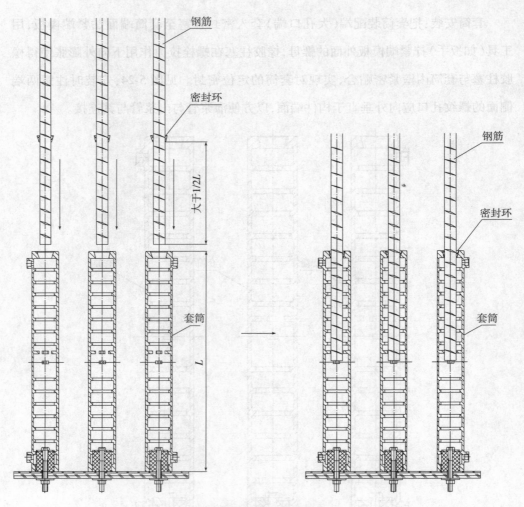

图 5-25　钢筋安装示意图

　　管件安装:见图 5-26,把灌浆管和出浆管拧紧在套筒两端侧面的螺纹孔内,保证连接牢固,密封可靠;管件的长度一般要求安装后其端头与构件表面平齐,为保证混凝土浇筑时砂浆不进入管道,用管堵塞住管口;如管件要伸出构件表面(伸出侧模板外),伸出的孔口处也需进行密封处理;管件一般为硬管,在特殊情况下才用软管,但也需保证在浇筑时软管不扭绞或破坏,因为在灌浆发生堵塞的情况下,软管中的堵塞物是很难处理的。

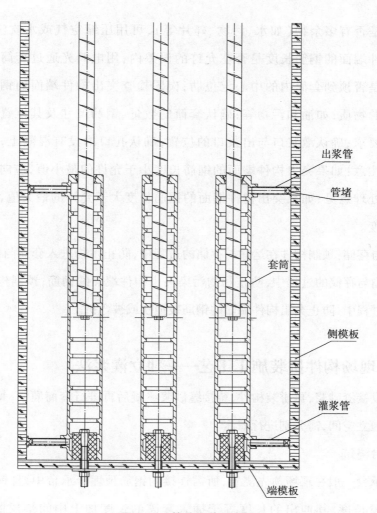

出浆管

管堵

套筒

侧模板

灌浆管

端模板

**图 5-26 管件安装示意图**

浇筑混凝土前的检查:检查套筒的规格尺寸是否符合设计要求;检查套筒预埋端的密封环是否塞紧于套筒孔口,其密封是否可靠;检查套筒是否正确地、牢固地定位在模板中;检查预制端的钢筋是否顶到套筒内的中心定位肋;检查突出构件端面的钢筋长度是否在允许的公差范围内;检查灌浆管是否可靠地与套筒连接及是否用管堵进行可靠封堵;检查灌浆管的长度是否顶到了侧模板或穿出侧模板。

混凝土浇筑:当套筒及其他配筋全部安装就位且检查无误后,按设计要求浇注混凝土,在用振动器振捣时注意保证套筒、钢筋、附件不移位。

拼装前的最后检查:拆模后,用电筒光通过套筒大端孔口检查套筒内部及灌浆管内孔是否有多余物（如水、污物、碎片等），可用压缩空气或水吹洗干净；检查突出构件端面的钢筋长度是否在允许的误差内；用电筒光通过套筒大端孔口检查钢筋是否顶到套筒内的中心定位肋；肉眼检查突出构件端面的钢筋是否有影响黏结的物质，如油和污物等；确认套筒的数量、钢筋尺寸及其位置是否符合设计图纸要求；确认灌浆口与出浆口的位置，确认孔口内没有混凝土，孔道都是畅通的。注意：如果突出构件端面的钢筋长度小于允许的最小值，应向工程师征求修补的处理意见；如果突出构件端面的钢筋长度大于允许的最大值，可以切短到需要长度。

运输与存储：预制构件在运输与存储的过程中，防止污物进入套筒与管件；预制构件在运输与存储的过程中，防止污物污染突出构件端面的钢筋；预制构件在运输与存储的过程中，防止突出构件端面的钢筋被损伤或被弯折。

## 五、现场构件拼装施工工艺——独立灌浆法

先铺设接缝砂浆，再拼装构件，待接缝砂浆终凝后再进行套筒灌浆，每个套筒的空腔都是独立空间，需分别进行灌注。

1. 承台浇筑

基础承台一般在现场预先浇筑，所需连接的钢筋预埋于承台中，且钢筋伸出承台顶面一段长度，其伸出的长度等于插入套筒的长度加上中间垫层的厚度（见图5-27）。这些伸出基础承台的钢筋需特别注意要保证在水平方向与垂直方向上是平行的，因为承台一般是现浇的，如果没有安装特制模板，此钢筋很容易出现不平行现象。以下方法有助于预制构件与现浇构件能顺利进行装配：

a. 现浇构件中钢筋的位置公差应限于 ±3 mm 内。

b. 拼装方应告知基础承包方注意使用模板来保证基础承台中钢筋的位置公差。

c. 可要求基础承包方先使用比要求稍长的钢筋，后面可以通过切断的方法调整到合适长度。

2. 设置"围堰"

清理承台顶面，在承台顶面做一个由钢板或木条制成的临时四边形"围堰"，此

"围堰"内将用于铺设接缝砂浆,此"围堰"的高度由设计确定,一般不小于 20 mm,其面积稍大于立柱的底面面积。

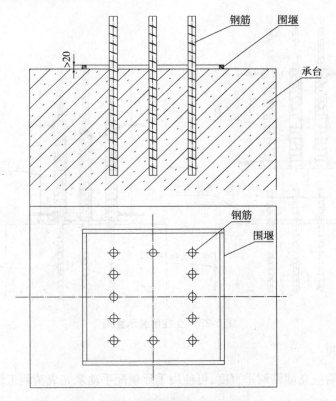

**图 5-27 设置"围堰"示意图**

3. 预拼装

起吊立柱至承台上方,调整立柱方位使得立柱底面的套筒孔口与承台顶面突出的钢筋一一对齐,之后缓慢放下立柱。如果立柱垂直度不满足设计要求,要在承台顶面("围堰"内)放置薄垫片来调整,直至立柱垂直度满足设计要求;立柱的垂直度满足要求后,起吊立柱离开承台。

4. 铺设接缝砂浆

先拌制接缝砂浆,搅拌好后倒入"围堰"内,砂浆层的厚度为 10～25 mm,且应覆盖住先前放置的薄垫片。

5. 立柱吊装

接缝砂浆铺设好后,把密封端盖穿入突出承台的钢筋上,尽快再次起吊立柱至承台上方,调整立柱方位使得立柱底面的套筒孔口与承台顶面突出的钢筋一一对齐,之后缓慢放下立柱,见图5-28。

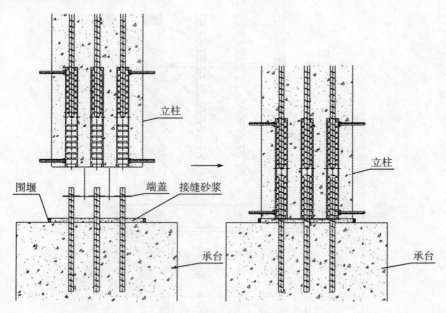

图5-28　立柱吊装示意图

### 6. 调垂直度

落下立柱后应立即精调垂直度,可使用千斤顶配手动泵完成精调工作,见图5-29。

图5-29　垂直度调节

7. 制备套筒灌浆料

采用高速搅拌机进行搅拌,拌合用水应符合混凝土用水标准,加水量需严格按照水灰比,建议搅拌时间为先低速 1 分钟,再高速搅 3 分钟,见图 5-30,搅拌时间应根据搅拌机转速不同,做匹配试验后确定。灌浆料搅拌好后应先静置 2 ~ 3 分钟,以待高速搅拌带入的气泡消除。

**图 5-30　套筒灌浆料制作**

8. 套筒灌浆

把搅拌好的套筒灌浆料倒入灌浆泵的储浆桶内,开动灌浆泵直至灌浆泵的出浆管流出均匀稠密的浆体,暂停灌浆泵,把灌浆泵的出浆管与套筒的进浆口相连接,之后重新开动灌浆泵进行灌注,当均匀稠密的浆体从套筒的出浆管处流出时,用堵头堵上出浆管,关闭灌浆泵,见图 5-31。

拆除灌浆泵出浆管与套筒进浆管的连接,用堵头封堵套筒进浆管管口。重复上述操作完成各个套筒的灌注。

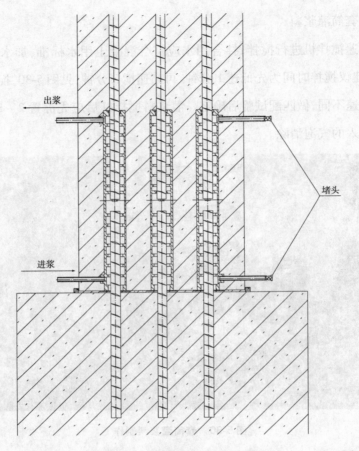

出浆

进浆

堵头

图 5-31　高强砂浆灌注示意图

### 9. 套筒灌浆

当砂浆未达到规定强度前,不能移动临时固定立柱的设施。养护到高强浆体初凝后可开始切除突出的管件(如管件伸出构件侧面),或用砂浆修补由管口形成的凹坑(管件未伸出构件侧面),并去除"围堰",清理拼装结合面。

## 六、灌浆套常见问题处理

针对灌浆式钢筋连接套筒产品,套筒所配套的高强砂浆是特制的,不应使用其他类型的砂浆。施工前,务必先阅读应用指南,操作人员应进行过培训或有类似的施工经验;施工过程中,务必按应用指南操作。如已有试验证实,可采用其他类似的工法进行施工。灌浆出现的问题及处理方法详见表5-6。

表5-6 灌浆出现的问题及处理方法

| | 问题 | 处理方法 |
|---|---|---|
| | 1.灌浆管或出浆管没有达到构件表面 | (1)根据工程图检查管口位置后做好标记。<br>(2)凿破标记处的混凝土至管件,清除碎片。<br>(3)通入压缩空气使管道通顺,用电筒光检查确认 |
| | 2.因没有安放密封端盖,灌浆管被垫层砂浆封堵 | 如果垫层砂浆未硬化:<br>(1)吊起上部构件,用高压水清理套筒内的砂浆。<br>(2)安装密封端盖后重新吊装上部构件,用电筒光确认管道通畅。<br>如果垫层砂浆已硬化:<br>(1)在管道内插入一根钢棒,用锤子敲打,凿去堵塞管道的砂浆。<br>(2)通入压缩空气使管道通顺。<br>(3)确认足够的砂浆能灌入套筒,如果不能,报告结构工程师 |

（续表）

| | 问题 | 处理方法 |
|---|---|---|
| | 3.管道被混凝土块堵塞或管堵被挤进管道内 | 对于混凝土块堵塞：<br>(1)在管道内插入一根钢棒,用锤子敲打,凿去混凝土块。<br>(2)通入压缩空气使管道通顺,用电筒光确认管道通畅。<br>对于管堵被挤进管道内：<br>(1)用一个铁钩抓住管堵拉出管道。<br>(2)通入压缩空气使管道通顺,用电筒光确认管道通畅 |
| | 4.灌浆时连接面外浆体渗漏 | (1)用棉纱或聚氨酯等密封连接面。<br>(2)重新灌浆 |

（续表）

| | 问题 | 处理方法 |
|---|---|---|
| | 5. 构件未能拼装到位 | （1）如因突出的钢筋过长，切去过长部分。<br>（2）如因套筒内存留杂物，去除套筒底部的碎片、硬浆或水等杂物，用压缩空气吹干净 |

## 七、工序操作注意事项

（1）清理墙体接触面：墙体下落前应保持预制墙体与混凝土接触面无灰渣、无油污、无杂物。

（2）铺设高强度垫块：采用高强度垫块将预制墙体的标高找好，使预制墙体标高得到有效的控制。

（3）安放墙体：在安放墙体时应保证每个注浆孔通畅，预留孔洞满足设计要求，孔内无杂物。

（4）调整并固定墙体：墙体安放到位后采用专用支撑杆件进行调节，保证墙体垂直度、平整度在允许误差范围内。

（5）墙体两侧密封：根据现场情况，采用砂浆对两侧缝隙进行密封，确保灌浆料不从缝隙中溢出，减少浪费。

（6）润湿注浆孔：注浆前应用水将注浆孔进行润湿，减少因混凝土吸水导致注浆强度达不到要求，且与灌浆孔连接不牢靠。

（7）拌制灌浆料：搅拌完成后应静置 3～5 min，待气泡排除后方可进行施工。灌浆料流动度在 200～300 mm 间为合格。

（8）进行注浆：采用专用的注浆机进行注浆，该注浆机使用一定的压力，将灌浆料由墙体下部注浆孔注入，灌浆料先流向墙体下部 20 mm 找平层，当找平层注满后，注浆料由上部排气孔溢出，视为该孔注浆完成，并用泡沫塞子进行封堵。至该墙体所有上部注浆孔均有浆料溢出后视为该面墙体注浆完成。

（9）进行个别补注：完成注浆半个小时后检查上部注浆孔是否有因注浆料的收缩、堵塞不及时、漏浆造成的个别孔洞不密实情况。如有则用手动注浆器对该孔进行补注。

（10）进行封堵：注浆完成后，通知监理进行检查，合格后进行注浆孔的封堵，封堵要求与原墙面平整，并及时清理墙面上、地面上的余浆。

## 八、质量保证措施

（1）灌浆料的品种和质量必须符合设计要求和有关标准的规定，每次搅拌应有专人进行搅拌。

（2）每次搅拌应记录用水量，严禁超过设计用量。

（3）注浆前应充分润湿注浆孔洞，防止因孔内混凝土吸水导致灌浆料开裂情况发生。

（4）防止因注浆时间过长导致孔洞堵塞，若在注浆时造成孔洞堵塞，应从其他孔洞进行补注，直至该孔洞注浆饱满。

（5）灌浆完毕，立即用清水清洗注浆机、搅拌设备等。

（6）灌浆完成后 24 h 内禁止对墙体进行扰动。

（7）待注浆完成 1 d 后应逐个对注浆孔进行检查，发现有个别未注满的情况应进行补注。

# 第四节 后浇混凝土

## 一、竖向节点构件钢筋绑扎

绑扎边缘构件及后浇段部位的钢筋,绑扎节点钢筋时需注意以下事项。

### (一)现浇边缘构件节点钢筋

(1)调整预制墙板两侧的边缘构件钢筋,构件吊装就位。

(2)绑扎边缘构件纵筋范围内的箍筋,绑扎顺序是由下而上的,然后将每个箍筋平面内的甩出筋、箍筋与主筋绑扎固定就位。由于两墙板间的距离较为狭窄,制作箍筋时将筋做成开口箍状,以便于箍筋绑扎,见图 5-32。

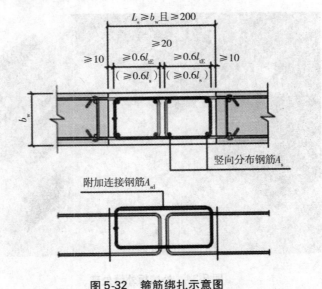

图 5-32 箍筋绑扎示意图

(3)安放边缘构件纵筋并将其与插筋绑扎固定。

(4)将已经套接的边缘构件箍筋安放调整到位,然后将每个箍筋平面内的甩出筋、箍筋与主筋绑扎固定就位。

### (二)竖缝处理

在绑扎节点钢筋前先将相邻外墙板间的竖缝封闭,详见图 5-33(与预制墙板的竖缝处理方式相同）。外墙板内缝处理：在保温板处填塞发泡聚氨酯（待发泡聚氨酯溢出后，视为填塞密实），内侧采用带纤维的胶带封闭。外墙板外缝处理：外墙板外缝可以在整体预制构件吊装完毕后再行处理，先填塞聚乙烯棒，然后在外皮打建筑耐候胶，见图5-34。

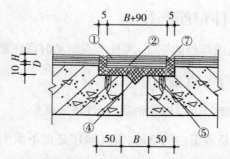

B—设计缝宽；H—设计面层厚度；D—找平层厚度。

图5-33　竖缝处理示意图

图5-34　外墙板外缝处理

## 二、支设竖向节点构件模板

支设边缘构件及后浇段模板。充分利用预制内墙板间的缝隙及内墙板上预留的对拉螺栓孔，充分拉模以保证墙板边缘混凝土模板与后支钢模板（或木模板）连接紧固好，防止胀模。支设模板时应注意以下几点。

（1）节点处模板应在混凝土浇筑时不产生明显变形漏浆，且不宜采用周转次数较多的模板。为防止漏浆污染预制墙板，可在模板接缝处粘贴海棉条。

（2）采取可靠措施防止胀模。即使在设计时按钢模考虑，在实际施工时也可使用木模，但要保障施工质量。

## 三、叠合梁板上部的钢筋安装

（1）键槽钢筋绑扎时，为确保 U 形钢筋位置的准确，在钢筋上口加 Φ6 钢筋，卡在键槽当中作为键槽钢筋的分布筋。

（2）叠合梁板上部钢筋施工。所有钢筋交错点均绑扎牢固，同一水平直线上相邻绑扣呈"八"字形，朝向混凝土构件内部。

## 四、浇筑楼板上部及竖向节点构件混凝土

（1）绑扎叠合楼板负弯矩钢筋和板缝强钢筋网片，预留预埋管线、埋件、套、预留洞等。边缘构件浇筑后示意见图 5-35。浇筑时，在露出的柱子插筋上做好混凝土顶标高标志，利用外圈叠合梁上的外侧预埋钢筋固定边模专用支架，调整边模顶标高至板顶设计标高，浇筑混凝土，利用边模顶面和柱插筋上的标高控制标志控制混凝土厚度和混凝土平整度。

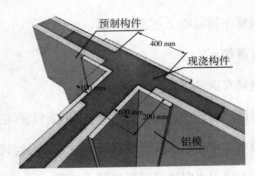

**图 5-35　边缘构件浇筑示意图**

（2）当后浇叠合楼板混凝土强度符合现行国家及地方规范要求时，方可拆除叠合板（装配整体式楼板）下临时支撑，以防止叠合梁发生侧倾或混凝土过早承受拉应力而使现浇节点出现裂缝。

# 第五节 结构质量控制

## 一、预制构件进场验收质量控制要点

预制构件进场时,使用方应重点检查其结构性能、粗糙面的质量及键槽的数量等是否符合设计要求,并按下述要求进行进场验收,检查供货方所提供的材料。预制构件的质量、标识应符合设计要求和国家现行相关标准规定。

预制构件应在明显部位标明生产单位、构件编号、生产日期和质量验收标志。构件上的预埋件、插筋和预留孔洞的规格、位置和数量应符合标准图或设计的要求。产品合格证、产品说明书等相关的质量证明文件应齐全,且与产品相符。预制构件外观质量判定方法应符合以下的规定。

(1)预制构件外观质量验收。预制构件外观质量不应有严重缺陷,产生严重缺陷的构件不得使用。产生一般缺陷的构件,应由预制构件生产单位或施工单位进行修整处理,修整技术处理方案经监理单位确认后方可实施,经修整处理后的预制构件应重新检查。预制构件缺陷类型分类及处理方法:

①露筋:构件内钢筋未被混凝土包裹而外露。

严重缺陷:主筋有露筋。

一般缺陷:其他钢筋有少量露筋。

处理方法:将划定区域内的松散混凝土凿除,露出新鲜坚实的骨料,然后用水冲洗干净并充分湿润,用水泥砂浆压实抹平或细石混凝土分层浇筑方法处理。

②蜂窝:混凝土表面缺少水泥砂浆面形成石子外露。

严重缺陷:主筋部位有蜂窝。

一般缺陷:搁置点位置有少量蜂窝。

处理方法:将坑内杂物清理干净并用水充分湿润,然后水泥砂浆压实修复。

③孔洞:混凝土中孔穴深度和长度均超过保护层厚度。

严重缺陷:构件主要受力部位有孔洞。

一般缺陷:构件其他部位有少量孔洞。

处理方法:将松散混凝土凿除后,用钢丝刷或压力水冲刷湿润,支设带拖盒的模板,然后用半干的、硬的细石混凝土仔细分层浇筑并强力振捣养护。

④夹渣:混凝土中夹有杂物且深度超过保护层厚度。

严重缺陷:构件主要受力部位有夹渣。

一般缺陷:构件其他部位有少量夹渣。

处理方法:如果夹渣面积较大而深度较浅,可将夹渣部位表面全部凿除,刷洗干净后,在表面抹1:2的水泥砂浆;如果夹渣部位较深,先将该部位夹渣全部凿除,安装好模板,用钢丝刷刷洗或压力水冲刷,湿润后用半干的、硬的细石混凝土仔细分层浇筑并强力振捣养护。

⑤疏松:混凝土中局部不密实。

严重缺陷:构件主要受力部位有疏松。

一般缺陷:构件其他部位有少量疏松。

处理方法:对于大面积混凝土疏松且强度较大幅度降低的构件,必须返厂;对于局部混凝土疏松的构件,应将疏松部分全部凿除,用钢丝刷刷洗或压力水冲刷,湿润后用半干的、硬的细石混凝土分层浇筑并强力振捣养护。

⑥裂缝:缝隙从混凝土表面延伸至混凝土内部。

严重缺陷:构件主要受力部位有影响结构性能或使用功能的裂缝。

一般缺陷:构件其他部位有少量不影响结构性能或使用功能的裂缝。

处理方法:在裂缝不降低承载力的情况下,采取表面修补法、充填法、注入法等方法处理。

⑦连接部位缺陷:构件连接处混凝土缺陷,连接钢筋、连接件松动或灌浆套筒未保护。

严重缺陷:连接部位有影响结构传力性能的缺陷。

一般缺陷:连接部位有基本不影响结构传力性能的缺陷。

处理方法:根据构件连接部位质量缺陷的种类及严重程度,按上述露筋、蜂窝、孔洞、夹渣、疏松和裂缝的有关措施进行修复加固。

⑧外形缺陷:内表面缺棱少角、棱角不直、翘曲不平等;外表面面砖黏结不牢、位置偏差、嵌缝没有达到横平竖直,转角面砖棱角不直,面砖表面翘曲不平等。

严重缺陷:清水混凝土构件有影响使用功能或装饰效果的外形缺陷。

一般缺陷:其他混凝土构件有不影响使用功能的外形缺陷。

处理方法:对于外形缺失和凹陷的部分,先用稀草酸溶液清除表面脱模剂的油脂并用清水冲洗干净,再用与原混凝土完全相同的原材料及配合比砂浆抹灰补平;对于外形翘曲、凸出及错台的部分,先凿除多余部分,清洗湿透后用砂浆抹灰补平。

⑨外表缺陷:构件内表面麻面、掉皮、起砂、污染等;外表面面砖污染、预埋门窗框破坏。

严重缺陷:具有重要装饰效果的清水混凝土构件、门窗框有外表缺陷。

一般缺陷:其他混凝土构件有不影响使用功能的外表缺陷(门窗框不宜有外表缺陷)。

处理方法:出现麻面、掉皮和起砂现象,使用外形缺陷修补方法,养护 24 h;出现玷污由人工用细砂纸仔细打磨,将污渍去除,使构件外表颜色一致。

预制构件检查合格后,应在构件上设置表面标识,标识内容宜包括构件编号、制作日期、合格状态、生产单位等信息,且该标识应设置在便于现场识别的部位。这样可直观表示出构件的详细信息及吊装位置,便于吊装和指挥操作,降低误吊概率。

(2)预制构件的外观质量不应有严重缺陷,对已经出现的严重缺陷,应根据合同约定按技术处理方案进行处理,并重新检查验收。

(3)预制构件尺寸的允许偏差按表 5-7 的要求检验,并应符合规范的规定。

表 5-7　预制结构构建尺寸的允许偏差及检验方法

| 项目 | | | 允许偏差/mm | 检验方法 |
|---|---|---|---|---|
| 长度 | 板、梁、柱、桁架 | ＜12 m | ±3 | 尺量检查 |
| | | ≥12 m且＜18 m | ±5 | |
| | | ≥18 m | ±8 | |
| | 墙板 | | ±1 | |
| 宽度、高(厚)度 | 板、梁、柱、桁架 | | ±1 | 钢尺量一端及中部,取其中偏差绝对值较大处 |
| | 墙板 | | ±1 | |
| 表面平整度 | 板、梁、柱、墙板内表面 | | 1 | 2 m靠尺和塞尺检查 |
| | 墙板外表面 | | 1 | |
| 侧向弯曲 | 板、梁、柱 | | 1/750 且≤20 | 拉线、钢尺量最大侧向弯曲处 |
| | 墙板、桁架 | | 1/1 000 且≤20 | |
| 翘曲 | 板 | | 1/750 | 调平尺在两端量测 |
| | 墙板 | | 1/1 000 | |
| 对角线差 | 板 | | 5 | 钢尺量两个对角 |
| | 墙板 | | 2 | |
| 预留孔 | 中心线位置 | | 2 | 调平尺在两端量测 |
| | 孔尺寸 | | ±2 | |
| 预留洞 | 中心线位置 | | 2 | 调平尺在两端量测 |
| | 孔尺寸 | | ±3 | |
| 预埋件 | 预埋板中心线位置 | | 3 | 尺量检查 |
| | 预埋板与混凝土面平面高差 | | ±1 | |
| | 预埋螺栓、预埋套筒中心位置 | | 2 | |
| | 预埋螺栓外露长度 | | +2,−5 | |
| 桁架钢筋高度 | | | +5,0 | 尺量检查 |

注:检查中心线、螺栓和孔洞位置偏差时,应沿纵、横两个方向量测,并取其中偏差较大值。

(4)预制构件不应有影响结构性能和安装、使用功能的尺寸偏差。对超过尺寸允许偏差且影响结构性能和安装、使用功能的部位,应根据合同约定按技术处理方案进行处理,并重新检查验收。

(5)预制构件的外观质量不宜有一般缺陷。对已经出现的一般缺陷,应根据合同约定按技术处理方案进行处理,并重新检查验收。

（6）预制构件按设计要求和国家现行标准《混凝土结构工程施工质量验收规范》（GB 50204—2015）的有关规定进行结构性能检验。陶瓷类装饰面砖与构件基层的粘结强度应符合行业现行标准《建筑工程饰面砖粘结强度检验标准》（JGJ/T 110—2017）和《外墙饰面砖工程施工及验收规程》（JGJ 126—2015）等的规定。夹心外墙板的内外叶墙板之间的拉结件类别、数量及使用位置应符合设计要求。

## 二、预制构件安装质量控制要点

多层装配整体式混凝土结构的预制剪力墙在安装时，底部可采取座浆处理，座浆厚度不宜大于 20 mm，座浆材料的强度应大于所连接预制构件的设计强度。

（1）墙板座浆前应先将墙板下面的现浇板面清理干净，不得有混凝土残渣、油污、灰尘等，以防止构件注浆后产生隔离层影响结构性能，将安装部位洒水阴湿，地面上、墙板下放好垫块（垫块材质为高强度砂浆垫块或垫铁），垫块保证墙板底标高的正确。垫板造成的空隙可用座浆方式填补（注：座浆料通常在 1 h 内初凝，所以吊装必须连续作业，相邻墙板的调整工作必须在座浆料初凝前完成）。

（2）座浆料须满足以下技术要求。

1）座浆料坍落度不宜过高，一般使用灌浆料加适当的水搅拌而成，不宜调制过稀，必须保证座浆完成后成中间高两端低的形状。

2）座浆料质量要求：粗骨料最大粒径在 4～5 mm 之间，且座浆料必须具有微膨胀性。

3）座浆料的强度等级应比相应的预制墙板混凝土的设计强度提高一个等级。

（3）装配整体式结构尺寸的允许偏差及检验方法应符合表 5-8 的规定。

**表 5-8　预制构件安装尺寸的允许偏差及检验方法**

| 项目 | | 允许偏差/mm | 检验方法 |
|---|---|---|---|
| 构件中心线<br>对轴线位置 | 基础 | 5 | 尺量检查 |
| | 竖向构件（柱、墙板、桁架） | 5 | |
| | 水平构件（梁、板） | 2 | |

（续表）

| 项目 | | | 允许偏差/mm | 检验方法 |
|---|---|---|---|---|
| 构件标高 | 梁、板底面或顶面 | | ±2 | 水准仪或 |
| | 柱、墙板顶面 | | ±1 | 尺量检查 |
| 构件垂直度 | 柱、墙板 | <5 m | 1 | 经纬仪量测 |
| | | ≥5 m 且<10 m | 1.5 | |
| | | ≥10 m | 2 | |
| 构件倾斜度 | 梁、桁架 | | 5 | 垂线、尺量检查 |
| 相邻构件平整度 | 板端面 | | 1 | 钢尺、塞尺量测 |
| | 梁、板下表面 | 抹灰 | 3 | |
| | | 不抹灰 | 1 | |
| | 柱、墙板侧表面 | 外露 | 2 | |
| | | 不外露 | 1 | |
| 构件搁置长度 | 梁、板 | | ±2 | 尺量检查 |
| 支座、支垫中心位置 | 板、梁、柱、墙板、桁架 | | ±10 | 尺量检查 |
| 接缝宽度 | | | ±5 | 尺量检查 |

（4）连接节点的防腐、防锈、防火和防水构造措施应满足设计要求。

（5）承受内力的接头和拼缝，当其混凝土强度未达到设计要求时，不得吊装上一层结构构件；当设计无具体要求时，应在混凝土强度不小于 10 MPa 或具有足够的支撑时，方可吊装上一层结构构件。已安装完毕的装配整体式混凝土结构，应在混凝土强度达到设计要求后，方可承受全部设计荷载。

（6）预制构件连接接缝处防水材料应符合设计要求，并具有合格证、厂家检测报告及进场复试报告。

## 三、钢筋工程质量控制要点

（1）装配整体式混凝土结构后浇混凝土内的连接钢筋应埋设准确，连接与锚固方式应符合设计和现行有关技术标准的规定。

（2）构件连接处的钢筋位置应符合设计要求。当设计无具体要求时，应保证主要受力构件和构件中主要受力方向的钢筋位置，并应符合下列规定。

1）框架节点处，梁纵向受力钢筋宜置于柱纵向钢筋内侧。

2）当主次梁底部标高相同时，次梁下部钢筋应放在主梁下部钢筋之上。

3）剪力墙中水平分布钢筋宜置于竖向钢筋外侧，并在墙端弯折锚固。

（3）钢筋套筒灌浆连接及浆锚连接接头的预留钢筋应采用专用模具定位，并应符合下列规定。

1）定位钢筋中心位置存在细微偏差时，宜采用钢套管方式做细微调整。

2）定位钢筋中心位置存在严重偏差影响预制构件安装时，应按设计单位确认的技术方案处理。

3）应采用可靠的固定措施控制连接钢筋的外露长度，以满足设计要求。

（4）装配整体式混凝土结构中后浇混凝土中连接钢筋、预埋件安装位置的允许偏差及检验方法应符合规定。

（5）钢筋采用焊接或机械连接时，接头质量应符合国家现行标准《钢筋焊接及验收规程》（JGJ 18—2012）、《钢筋机械连接技术规程》（JGJ 107—2016）的要求。采用埋件焊接连接时应符合国家现行标准《钢筋焊接及验收规程》（JGJ 18—2012）的要求。钢筋套筒灌浆连接部分应符合设计要求及现行建筑工业行业标准《钢筋连接用灌浆套筒》（JG/T 398—2012）和《钢筋连接用套筒灌浆料》（JG/T 408—2013）的规定。钢筋采用弯钩或机械锚固措施时，钢筋锚固端的锚固长度应符合国家现行标准《混凝土结构设计规范》（GB 50010—2010，2015 年版）的有关规定。采用钢筋锚固板时，应符合行业现行标准《钢筋锚固板应用技术规程》（JGJ 256—2011）的有关规定。

## 四、模板工程质量控制要点

（1）模板与支撑应具有足够的承载力、刚度，稳固可靠，应符合设计、专项施工方案的要求及相关技术标准的规定。

（2）模板与支撑安装应保证工程结构构件各部分形状、尺寸和位置的准确，模板安装应牢固、严密、不漏浆，且便于钢筋敷设和混凝土浇筑、养护，采取可靠措施防止胀模。

（3）后浇混凝土结构模板宜采用水性脱模剂。脱模剂应能有效减小混凝土与模板间的吸附力,并应有一定的成模强度,且不应影响脱模后的混凝土表面的后期装饰。

(4)装配整体式混凝土结构中后浇混凝土结构模板安装的允许偏差及检验方法应符合表5-9的规定。

表5-9　模板安装允许偏差及检验方法

| 项目 | | 允许偏差/mm | 检验方法 |
|---|---|---|---|
| 轴线位置 | | 5 | 尺量检查 |
| 底模上表面标高 | | ±5 | 水准仪或拉线、尺量检查 |
| 截面内部尺寸 | 柱、梁 | +4,−5 | 尺量检查 |
| | 墙 | +2,−3 | 尺量检查 |
| 层高垂直度 | 不大于5 m | 6 | 经纬仪或吊线、尺量检查 |
| | 大于5 m | 8 | 经纬仪或吊线、尺量检查 |
| 相邻两板表面高低差 | | 2 | 尺量检查 |
| 表面平整度 | | 5 | 2 m靠尺和塞尺检查 |

(5)模板拆除时,宜采取先拆非承重模板后拆承重模板的顺序。水平结构模板应由跨中向两端拆除,竖向结构模板应自上而下拆除。

(6)当后浇混凝土强度能保证构件表面及棱角不受损伤时,方可拆除侧模模板。

(7)叠合构件的后浇混凝土同条件立方体抗压强度达到设计要求时,方可拆除龙骨及下一层支撑;当设计无具体要求时,同条件养护的后浇混凝土立方体抗压强度应符合表5-10的规定。

表5-10　模板与支撑拆除时的后浇混凝土强度要求

| 构件类型 | 构件跨度/m | 达到设计混凝土强度等级值的百分率/% |
|---|---|---|
| 板 | ≤2 | ≥50 |
| | >2,≤8 | ≥75 |
| | >8 | ≥100 |
| 梁 | ≤8 | ≥75 |
| | >8 | ≥100 |
| 悬臂结构 | | ≥100 |

（8）预制墙板斜支撑和限位装置，应在连接节点和连接接缝部位后浇混凝土或灌浆料强度达到设计要求后拆除；当设计无具体要求时，后浇混凝土或灌浆料应达到设计强度的75%以上方可拆除。

（9）预制柱斜支撑应在预制柱与连接节点部位后浇混凝土或灌浆料强度达到设计要求且上部构件吊装完成后拆除。

## 五、混凝土工程质量控制要点

（1）浇筑混凝土前，应做隐蔽项目现场检查与验收。验收项目应包括下列内容。

1）钢筋的牌号、规格、数量、位置、间距等。

2）纵向受力钢筋的连接方式、接头位置、接头数量、接头面积百分率、搭接长度等。

3）纵向受力钢筋的锚固方式及长度。

4）箍筋、横向钢筋的牌号、规格、数量、位置、间距，箍筋弯钩的弯折角度及平直段长度。

5）预埋件的规格、数量、位置。

6）混凝土粗糙面的质量，键槽的规格、数量、位置。

7）预留管线、线盒等的规格、数量、位置及固定措施。

（2）混凝土浇筑完毕后，应按施工技术方案要求及时采取有效的养护措施，并应符合以下规定。

1）混凝土浇筑完毕后，应在12 h以内对混凝土加以覆盖并养护。

2）浇水次数应能保持混凝土处于湿润状态。

3）采用塑料薄膜覆盖养护的混凝土，其敞露的全部表面应覆盖严密，并应保持塑料薄膜内有凝结水。

4）叠合层（装配整体式层）及构件连接处后浇混凝土的养护应符合规范要求。

5）混凝土强度达到1.2 MPa前，不得在其上踩踏或安装模板及支架。

（3）混凝土冬期施工应按现行规范《混凝土结构工程施工规范》（GB 50666—2011）、《建筑工程冬期施工规程》（JGJ/T 104—2011）的相关规定执行。

（4）叠合构件混凝土浇筑前，应清除叠合面上的杂物、浮浆及松散骨料，表面干燥时应洒水湿润，洒水后不得留有积水。应检查并校正预留构件的外露钢筋。

（5）叠合构件混凝土浇筑时，应采取由中间向两边的方式。

（6）叠合构件混凝土浇筑时，不应移动预埋件的位置，且不得污染预埋件外露连接部位。

（7）叠合构件上一层混凝土剪力墙的吊装施工，应在与剪力墙整浇的叠合构件后浇层达到足够强度后进行。

（8）装配整体式混凝土结构中预制构件的连接处混凝土强度等级不应低于所连接的各预制构件混凝土设计强度中的较大值。

（9）用于预制构件连接处的混凝土或砂浆，宜采用无收缩混凝土或砂浆，并宜采取提高混凝土或砂浆早期强度的措施；在浇筑过程中应振捣密实，并应符合有关标准和施工作业要求。

# 第六节 水、电、暖等预留预埋

## 一、水暖安装洞口预留

（1）当水暖系统中的一些穿楼板（墙）套管不易安装时，可采用直接预埋套管的方法，埋设于楼（屋）面、空调板、阳台板上，包括地漏、雨水斗等，需要预先埋设套管。有预埋管道附件的预制构件在工厂加工时，应做好保洁工作，避免附件被混凝土等材料污染、堵塞。

（2）由于预制混凝土构件是在工厂生产现场组装，和主体结构间靠金属件或现浇处理进行连接的。因此，所有预埋件的定位除了要满足距墙面、穿越楼板和穿梁的结构要求外，还应给金属件和墙体留有安装空间，一般距两侧构件边缘不小于40 mm。

（3）装配整体式建筑宜采用同层排水。当采用同层排水时，下部楼板应严格按照建筑、结构、给水排水专业的图纸，预留足够的施工安装距离，并且应严格按照给水排水专业的图纸，预留好排水管道的预留孔洞。

## 二、电气安装预留预埋

### 1. 预留孔洞

预制构件一般不得再进行打孔、开洞，特别是预制墙应按设计要求标高预留好过墙的孔洞，重点注意预留的位置、尺寸、数量等符合设计要求。

### 2. 预埋管线及预埋件

电气施工人员对预制墙构件进行检查，检查需要预埋的箱盒、线管、套管、大型支架埋件等是否漏设，规格、数量、位置等是否符合要求。

预制墙构件中主要埋设：配电箱、等电位联结箱、开关盒、插座盒、弱电系统接线盒（消防显示器、控制器、按钮、电话、电视、对讲等）及其管线。

预埋管线应畅通，金属管线内外壁应按规定做除锈和防腐处理，清除管口毛刺。埋入楼板及墙内管线的保护层厚度应不小于 15 mm，消防管路的保护层厚度应不小于 30 mm。

### 3. 防雷、等电位联结点的预埋

装配整体式建筑的预制柱是在工厂加工制作的，两段柱体对接时，较多采用的是套筒连接方式：一段柱体端部为套筒，另一段为钢筋，钢筋插入套筒后注浆。如用柱结构钢筋作为防雷引下线，就要将两段柱体钢筋用等截面钢筋焊接起来，达到电气贯通的目的。选择柱体内的两根钢筋作为引下线和设置预埋件时，应尽量选择预制墙、柱的内侧，以便于后期焊接操作。

预制构件生产时应注意避雷引下线的预留预埋，在柱子的两个端部均需要焊接与柱筋同截面的扁钢作为引下线埋件。应在设有引下线的柱子室外地面上 500 mm 处，设置接地电阻测试盒，测试盒内测试端子与引下线焊接。此处应在工厂加工预制柱时做好预留，预制构件进场时现场管理人员进行检查验收。

预制构件应在金属管道入户处做等电位联结,卫生间内的金属构件应进行等电位联结,应在预制构件中预留好等电位联结点。整体卫浴内的金属构件应在构件内完成等电位联结,并标明和外部联结的接口位置。

为防止侧击雷,应按照设计图纸的要求,将建筑物内的各种竖向金属管道与钢筋连接,部分外墙上的栏杆、金属门窗等较大金属物要与防雷装置相连,结构内的钢筋连成闭合回路作为防侧击雷接闪带。均压环及防侧击雷接闪带均须与引下线做可靠连接,预制构件处需要按照具体设计图纸要求预埋连接点。

### 三、整体卫浴安装预留预埋

(1)施工测量卫生间截面进深、开间、净高、管道井尺寸、窗高、地漏、排水管口的尺寸、预留的冷热水接头、电气线盒、管线、开关、插座的位置等,此外应提前确认楼梯间、电梯的通行高度及宽度、进户门的高度及宽度等,以便于整体卫浴部件的运输。

(2)卫生间地面找平,给水排水预留管口检查,确认排水管道及地漏是否畅通无堵塞现象,检查洗脸面盆排水孔是否可以正常排水,给水预留管口进行打压检查,确认管道无渗漏水问题。

(3)按照整体卫浴说明书进行防水底盘加强筋的布置,加强筋布置时应考虑底盘的排水方向,同时应根据图纸设计要求在防水底盘上安装地漏等附件。

# 第七节　居住建筑全装修施工

## 一、基本知识

居住建筑全装修工程是实现土建装修一体化、设计标准化、装修部品集成供应、绿色施工,提高工程质量、节能减排的必要手段。

（1）全装修是指居住建筑在竣工前，建筑内部所有功能空间固定面全部铺装或粉刷完成，厨房和卫生间的基本设备全部安装完成；公共建筑的水、暖、电、通风等基本设备全部安装到位。

（2）部品是由基本建筑材料、产品、零配件等通过模数协调组合、工厂化加工，作为系统集成和技术配套的部件，可在施工现场进行组装；为建筑中的某一单元且满足该部位规定的一项或者几项功能要求。

（3）全装修基础工程是装饰装修施工开始之前，对原房屋土建项目进行的后续工程，主要包含隔墙、水电安装、抹灰、木作、油漆等项目。

## 二、全装修工程的设计

（1）全装修设计应遵循建筑、装修、部品一体化的设计原则，推行装修设计标准化、模数化、通用化。

（2）全装修设计应遵循各部品（体系）之间集成化设计原则，并满足构件和部品制造工厂化、施工安装装配化的要求。

（3）施工综合图是在全装修设计图纸基础上，经过多专业共同会审协调，以具体施工部位为对象的、集多工种设计于一体的、用于直接指导施工的图纸，旨在反映所使用构（配）件、设备和各类管线的材质、规格、尺寸、连接方式和相对位置关系等。应保证做到：

1）可将建筑、结构、机电设备、装修各专业的二次装配施工图进行图纸叠加，确认各专业图示的平面位置和空间高度可以进行相互避让与协调。

2）应以装饰饰面控制为主导，遵循小断面避让大断面、侧面避让立面、阴接避让阳接的避让原则。

3）室内装饰装配施工前，应进行装配综合图的确认工作，并经设计单位审核认可后，方可作为装配施工依据。

4）施工过程中应减少对装配施工综合图和选用部件型号等事项的修改，如需修改时，应出具正式变更文件存档。

5）采用统一、明确的配套性区域编码,实现无误的配套性区域标准化装配施工。

6）特殊的节能原则,即:零部件产品标准化、可拆装性、返厂进行多次加工翻新、改变颜色与质地的反复应用的特性。

## 三、全装修工程的组成

### （一）装配式居住建筑全装修

装配式居住建筑全装修包括:预制构件、部品的装修施工和一般性装修施工。

### （二）预制构件、部品

预制构件、部品主要包含:

（1）非承重内隔墙系统。

（2）集成式厨房系统。

（3）集成式卫生间系统。

（4）预制管道井。

（5）预制排烟道。

（6）预制护栏。

预制构件、部品的装修施工一般在预制工厂内完成,限于本书篇幅,本章节仅介绍"非承重内隔墙系统"和"集成式卫生间系统"。

由于"集成式厨房系统"与"集成式卫生间系统"的组成类似,可参照相关内容进行设计、施工和验收。

"预制管道井""预制排烟道""预制护栏"的装修施工过程因与"非承重内隔墙系统"相似,本章节不再进行重复介绍。

### （三）一般性全装修施工

一般性全装修施工包括:防水工程、内门窗工程、吊顶工程、墙面装饰工程、地面铺装工程、涂饰工程、细部工程等。由于"一般性全装修施工"的施工流程与传统的施工工艺没有区别,因此本章节不再对此部分内容做重复介绍。

### （四）非承重内隔墙系统的施工

1. 施工前准备

（1）检查、验收主体墙面是否符合安装要求。

（2）检查产品编号、要求与图纸是否相符，核对预安装产品与已分配场地是否相符。

（3）检查防潮、防护、防腐处理是否达到要求。

（4）核对发货清单（饰面部件清单、配件清单）与到货数量是否一致，是否有质量问题，并填写检查表。

2. 施工操作步骤

操作步骤：熟悉图纸、测量现场尺寸与设计—放线—安装锚固件—按顺序安装隔墙板—安装"L"形、"U"形、"T"形改向配板—安装收口板—检查、验收及成品保护。室内饰面隔墙板安装的允许偏差及检验方法有如下规定。

（1）一般规定。

本节适用于填充隔墙、板材隔墙、骨架隔墙、活动隔墙、玻璃砖隔墙等分项工程的质量验收。

轻质隔墙工程验收时应检查下列文件和记录。

1）轻质隔墙工程的施工图、设计说明及其他设计文件。

2）基层工程材料检查记录、质量验收记录。

3）材料产品合格证书、性能检测报告、进场检验记录及人造木板的甲醛含量的复试报告。

4）隐蔽工程检查记录。包括：骨架隔墙中设备管线的安装及水管试压；木龙骨、木饰面板的防火、防腐处理；预埋件或拉结筋的设置；龙骨安装；填充材料的设置。

5）各分项工程的检验批应按下列规定划分：同一品种的轻质隔墙工程每30间（大面积房间和走廊按轻质隔墙的墙面30 m² 为一间）应划分为一个检验批，不足30间的也应划分为一个检验批。

6）轻质隔墙工程的隔声性能应符合设计的要求。

（2）板材隔墙工程。

1）本节适用于复合轻质墙板、石膏空心板、预制或现制的钢丝网水泥板、无框架玻璃板等板材隔墙工程的质量验收。

2）板材隔墙工程的检查数量应符合下列规定：每个检验批应至少抽查 20%，并不得少于 3 间；不足 3 间时应全数检查。

3）主控项目。

板材隔墙工程所用的木制材料的树种、等级、规格、含水率和防腐处理必须符合设计要求和《木结构工程施工及验收规范》（GBJ 206—83）的规定。其燃烧性能等级及有害物质限量应符合设计要求及国家有关标准的规定。人造板的甲醛含量应符合国家规范规定，进场后应进行复试。

检验方法：观察；检查产品合格证、性能检测报告、进场检验记录和复试报告。

隔墙板材的品种、规格、性能、颜色应符合设计要求。有隔声、隔热、阻燃、防潮等特殊要求的工程，板材应有相应性能等级的性能检测报告，玻璃板隔墙应使用安全玻璃，且应符合《建筑玻璃应用技术规程》（JGJ 113—2015）的相关规定。

检验方法：观察；检查产品合格证、性能检测报告、材料进场检验记录和复试报告。

安装隔墙板材所需预埋件、连接件的位置、数量、连接方法和防腐处理应符合设计要求。

检验方法：观察；尺量检查；检查隐蔽工程检查记录。

隔墙板材安装必须牢固。板材与周边墙体的连接方式应符合设计要求。玻璃板材隔墙的定位槽应与顶棚、地面固定牢固，玻璃的嵌入深度及边缘余隙应符合《建筑玻璃应用技术规程》（JGJ 113—2015）的相关规定。胶垫安装应牢固、位置正确。

检验方法：观察；手扳检查。

隔墙板材所用接缝材料的品种及接缝方法应符合设计要求。玻璃板材隔墙的拼缝应使用弹性嵌缝材料，材料表面应平整光滑。

检验方法：观察；检查产品合格证书和施工记录。

4）一般项目。

隔墙板材安装应垂直、平整、位置正确,板材不应有裂缝或缺损。

检验方法:观察;尺量检查。

板材隔墙表面应平整光滑、色泽一致、洁净,接缝应均匀、顺直、边缘整齐。

检验方法:观察;手摸检查。

隔墙上的孔洞、槽、盒应位置正确、套割方正、边缘整齐。

检验方法:观察。

## (五)集成式卫生间的设计与施工

随着人们生活质量的不断提高,人们对住宅卫生间的品质要求也越来越高。传统湿作业卫生间因渗水、漏水等问题已经越来越满足不了人们对生活质量的要求。集成式卫生间解决了传统湿作业卫生间的渗水、漏水问题,同时也减少了卫生间二次装修带来的建筑垃圾污染。

### 1. 集成式卫生间的概念

集成式卫生间,就是采用标准化设计、工业化方式生产的一体化防水底盘、墙板及天花板构成的卫生间整体框架,并安装有卫生器具、浴室家具、浴屏、浴缸等功能洁具,可以在有限空间内实现洗漱、沐浴、梳妆、如厕等多种功能的独立卫生单元,如图 5-36 所示。

图 5-36　集成式卫生间

　　集成式卫生间是在工厂内流水线分块生产底盘、墙板、天花板，然后运至施工现场组装而成的，其具体构成如图5-37所示。集成式卫生间是一类技术成熟可靠、品质稳定优良并与国家建筑产业化生产方式、国家绿色节能环保施工相适应的产业化部品。建设工程采用集成式卫生间，减少了现场作业量，提高了施工工艺水平，不仅省时省力，还可以降低传统能耗，减少建筑垃圾，能够科学有效地利用资源，创造舒适、和谐的居住环境，具有显著的经济效益和节能环保效益。

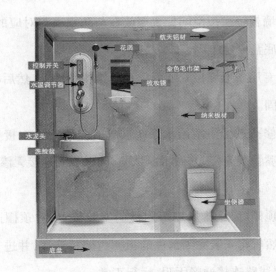

**图5-37　集成式卫生间具体构成示意图**

　　2.施工过程技术控制要点

　　（1）防水底盘加强筋安装。

　　按照集成式卫生间的说明书进行防水底盘加强筋的布置，加强筋布置时应考虑底盘的排水方向，同时应根据图纸设计要求在防水底盘上安装地漏等附件。

　　（2）防水底盘安装。

　　防水底盘安装应该遵循"先大后小"的原则，根据卫生间空间尺寸先安装大底盘，再安装小底盘，并应对底盘表面加设保护垫，防止施工中损坏、污染防水底盘。然后用水平仪测量，确保防水底盘四周挡水边上的墙板安装面水平，并保证底盘坡向正确、坡度符合排水设计要求。

　　（3）墙板拼接。

　　1）根据墙板编号结合卫生间的尺寸及门洞尺寸拼接墙板，拼接完成后应检查拼缝大小是否均匀一致,确保相邻两板表面平整一致、拼接缝细小均匀。墙板拼接应首先拼接阴阳角部分的墙板,并安装阴阳角连接片,确保两块墙板拼接牢固,然后拼接其他部分的墙面,并按要求布置安装墙面加强筋及加强筋连接片。

2)复核卫生间墙面卫生器具安装位置,对墙面进行开孔,确保附件开孔安装位置水平垂直,位置准确无误。然后在墙体前后安装阀门、管线、插座等零部件。

(4)墙板及门框安装。

1)将拼装好的墙板依次按空间位置摆放在与防水底盘对应的墙板安装面上,并用连接件将墙板与底盘固定牢固。

2)将靠门角的专用条形墙板安装固定在门结构墙面上,然后将门框与门洞四周的墙板连接固定牢固。

3)通过墙面检修孔进行浴室给水系统波纹管与用户给水接头的连接以及其他用水卫生器具的水嘴管线连接,并做水压试验,确保管线连接无渗漏。

(5)顶棚安装。

先复核卫生间顶棚灯具、排风扇等附件的安装位置,对顶棚进行开孔并安装风管、灯具等零部件,然后将安装完零部件的顶棚与墙板连接,并进行电气管线的连接及电气试运行,确保线路连接通畅无阻、运行正常。

(6)卫生器具及外窗安装

在卫生间墙板上根据图纸设计要求,按照集成式卫生间的安装说明书,依次安装洗面器、坐便器、浴缸、淋浴室、毛巾架、梳妆镜等器具,最后进行卫生间外窗的安装。

3.施工质量控制要点

(1)整体卫浴应能通风换气,无外窗的卫浴间应有防回流构造的排气通风道,并预留安装排气机械的位置和条件,且应安装有在应急时可从外面开启的门。

(2)浴缸、坐便器及洗面器应排水通畅、不渗漏,产品应自带存水弯或配有专用存水弯,水封深度至少为 50 mm。卫生间应便于清洗,清洗后地面不积水。

排水管道布置宜采用同层排水方式,排水工程施工完毕应进行隐蔽工程验收。

(3)卫生间的底部支撑尺寸应不大于 200 mm。安装管道的卫生间外壁面与住宅相邻墙面之间的净距离由设计确定。

第六章

# 预制构件类型和制作

# 第一节 构 件 类 型

1. 墙板类型

采用横墙承重的预制装配式住宅建筑的墙板类型,可按所在位置、构造、材料等方面分类。

(1)按所在位置分类。

1)内墙板。

内墙板又分为横向内墙板、纵向内墙板和隔墙板三种。

①横向内墙板。

横向内墙板是建筑物的主要承重构件,要求具有足够的强度和厚度,以满足承受荷载的要求,并保证楼板有足够的支承长度。这类墙板多采用单一材料,如采用钢筋混凝土板、粉煤灰矿渣混凝土板、振动砖墙板等,其中钢筋混凝土墙板又分为实心板和空心板两种。

②纵向内墙板。

纵向内墙板在结构平面布置中处于非承重墙体的墙板荷载。为了保证整个建筑物的空间刚度,更好地抵御地震力,纵向内墙板要与横向内墙板共同作用。因此常采用与横向内墙板同一种类和相同强度的材料。

③隔墙板。

隔墙板主要用于内部的分隔,这种墙板没有承重要求,但应满足建筑功能上隔声、防火、防潮等方面的要求。采用较多的有钢筋混凝土薄板、加气混凝土条板、石膏板等。

为了满足内装修减少现场抹灰湿作业的要求,所有内墙板的墙面必须平整。

2)外墙板。

横墙承重时,除山墙板为承重墙板外,纵向外墙板都是自承重板材。外墙板主要应该满足保温、隔热、防止雨水渗透等围护功能的要求,同时也应起到立面装饰的作用。外墙板也应有一定的强度,这样与横墙结合后,就能承担一部分纵向地震力和风力,以保证整个建筑物的整体性。

外墙板亦可用于框架结构的挂板。

外墙板在我国北方多采用复合板材,既有含各种保温材料夹心的钢筋混凝土板,也有用各种轻骨料如陶粒、浮石等做成的单一材料板材;用于框架结构的挂板亦可采用

禁止无关人员进入。

（3）施工区域的划分和场地的临时占用应符合总体施工部署施工流程的要求，减少相互干扰。

（4）充分利用既有建（构）筑物和既有设施为项目施工服务，降低临时设施的建造费用。

（5）临时设施应方便生产和生活，办公区、生活区、生产区宜分离设置。

（6）符合节能、环保、安全和消防等要求。

（7）遵守当地主管部门和建设单位关于施工现场安全文明施工的相关规定。

### （三）施工总平面图设计要点

1. 设置大门，引入场外道路

施工现场宜考虑设置两个以上的大门。大门应考虑周边路网情况、道路转弯半径和坡度限制，大门的高度和宽度应满足大型运输构件车辆的通行要求。

2. 布置大型机械设备

塔式起重机布置时，应充分考虑其塔臂覆盖范围、塔式起重机端部吊装能力、单体预制构件的质量、预制构件的运输及堆放和构件装配施工。

3. 布置构件堆场

构件堆场应满足施工流水段的装配要求，且应满足大型运输构件车辆、汽车起重机的通行、装卸要求。为保证现场施工安全，构件堆场应设围挡，防止无关人员进入。

4. 布置运输构件车辆装卸点

为防止因运输车辆长时间停留影响现场内道路的畅通，阻碍现场其他工序的正常作业施工。装卸点应在塔式起重机或者起重设备的塔臂覆盖范围之内，且不宜设置在道路上。

5. 合理布置临时加工场区

6. 布置内部临时运输道路

施工现场道路应按照永久道路和临时道路相结合的原则布置。施工现场内宜形成环形道路，减少道路占用土地。施工现场的主要道路必须进行硬化处理，主干道应有排水措施。临时道路要把仓库、加工厂、构件堆场和施工点贯穿起来,按货运量大小设计双行干道或单行循环道满足运输和消防要求,主干道宽度不小于 6 m。构件堆场端头处应有 12 m × 12 m 的停车场,消防车道宽度不小于 4 m,构件运输车辆转弯半径不宜小于 15 m。

7. 布置临时房屋

(1)充分利用已建的永久性房屋,临时房屋用可装拆重复利用的活动房屋。生活办公区和施工区要相对独立,宿舍室内净高不得小于 2.4 m,通道宽度不得小于 0.9 m,每间宿舍的居住人员不得超过 16 人。

(2)办公用房宜设在工地入口处,食堂宜布置在生活区。

8. 布置临时水、电管网和其他动力设施

临时总变电站应设在高压线进入工地处,尽量避免高压线穿过工地。临时水池、水塔应设在用水中心和地势较高处。管网一般沿道路布置,供电线路应避免与其他管道设在同一侧。

施工总平面图应按正式绘图规则、比例、规定代号和规定线条绘制,把设计的各类内容均标绘在图上,标明图名、图例、比例、方向标记、必要的文字说明。

## (四)施工平面图现场管理要点

1. 总体要求

文明施工,安全有序,整洁卫生,不扰民,不损害公众利益。

2. 出入口管理

现场大门应设置警卫岗亭,安排警卫人员 24 h 值班,检查人员出入证、材料、构件运输单、安全管理等。施工现场出入口应标有企业名称或企业标识,主要出入口明显处应设置工程概况牌,大门内应有施工现场总平面图和安全生产、消防保卫、环境保护、文明施工等制度牌。

3. 规范场容

(1)保证施工平面图的设计科学合理化,物料堆放与机械设备定位标准化,施工现场场容规范化。

(2)构件堆放区域应设置隔离围挡,防止吊运作业时无关人员进入。

（3）在施工现场周边按规范要求设置临时维护设施。

（4）现场内沿路设置畅通的排水系统。

（5）现场道路主要场地做硬化处理。

（6）设专人清扫办公区和生活区，并对施工作业区和临时道路进行洒水和清扫。

（7）建筑物内施工垃圾的清运，必须采用相应容器或管道运输，严禁凌空抛掷。

**4. 环境保护**

施工对环境造成的影响有大气污染、室内空气污染、水污染、土壤污染、噪声污染、光污染、垃圾污染等。对此应按环境保护的有关法规和相关规定进行防治。

**5. 卫生防疫管理**

（1）加强对工地食堂、炊事人员和炊具的管理。食堂必须有卫生许可证，炊事人员必须持身体健康证上岗。确保卫生防疫，杜绝传染病和食物中毒事故的发生。

（2）根据需要制定和执行防暑、降温、消毒、防病措施。

## 二、施工现场构件堆场布置

装配整体式混凝土结构施工，构件堆场在施工现场占有较大的面积。合理有序地对预制构件进行分类布置管理，可以减少施工现场的占用，促进构件装配作业，提高工程进度。

构件存放场地宜为混凝土硬化地面或经人工处理的自然地坪，应满足平整度、地基承载力、龙门吊安全行驶坡度的要求，避免发生由于场地原因造成构件的开裂损坏或龙门吊的溜滑事故。存放场地应设置在吊车的有效起重范围内，且场地应有排水措施。

### （一）构件堆场的布置原则

（1）构件堆场宜环绕或沿建（构）筑物纵向布置，其纵向布置宜与通行道路平行。构件布置宜遵循"先用靠外，后用靠里，分类依次并列放置"的原则。

（2）预制构件应按规格型号、出厂日期、使用部位、吊装顺序分类存放，且应标识清晰。

（3）不同类型构件之间应留有不少于0.7 m的人行通道，预制构件装卸、吊装工作范围内不应有障碍物，并应有满足预制构件吊装、运输、作业、周转等工作的场地。

（4）预制混凝土构件与刚性搁置点之间应设置柔性垫片，防止损伤成品构件；为便于后期吊运作业，预埋吊环宜向上，标识向外。

（5）对于易损伤、污染的预制构件，应采取合理的防潮、防雨、防边角损伤措施。构件与构件之间应采用垫木支撑，保证构件之间留有不小于200 mm的间隙，垫木应对称合理放置且表面应覆盖塑料薄膜。外墙门框、窗框和带外装饰材料的构件表面宜采取塑料贴膜或者其他防护措施。钢筋连接套管和预埋螺栓孔应采取封堵措施。

### （二）混凝土预制构件堆放

1. 预制墙板

预制墙板根据受力特点和构件特点，宜采用专用支架对称插放或靠放存放（如图7-1所示），支架应有足够的刚度，并支垫稳固。预制墙板宜对称靠放、饰面朝外，与地面之间的倾斜角不宜小于80°。构件与刚性搁置点之间应设置柔性垫片，防止损伤成品构件。

图7-1　预制墙板存放

### 2. 预制板类构件

预制板类构件可采用叠放方式存放,其叠放高度应由构件强度、地面耐压力、垫木强度以及垛堆的稳定性来确定,构件层与层之间应垫平、垫实,各层支垫应上下对齐,最下面一层支垫应通长设置,楼板、阳台板预制构件储存宜平放,采用专用存放架支撑,叠放储存不宜超过6层,见图7-2。预应力混凝土叠合板(装配整体式楼板)的预制带肋底板应采用板肋朝上叠放的堆放方式,严禁倒置,各层预制带肋底板下部应设置垫木,垫木应上下对齐,不得脱空,堆放层数不应大于7层,并应有稳固措施。吊环向上,标识向外。

**图7-2 预制板构件存放图**

### 3. 梁、柱等构件

梁、柱等构件宜水平堆放,预埋吊装孔的表面朝上,且应采用不少于两条垫木支撑,构件底层支垫高度不低于100 mm,且应采取有效的防护措施,见图7-3。

**图 7-3　梁、柱预制构件存放图**

# 第三节　劳动力组织管理

## 一、劳动力组织管理概念

施工项目劳动力组织管理是项目经理部把参加施工项目生产活动的人员作为生产要素,对其所进行的劳动、劳动计划、组织、控制、协调、教育、激励等项工作的总称。其核心是按照施工项目的特点和目标要求,合理地组织、高效率地使用和管理劳动力,并按项目进度的需要不断调整劳动量、劳动力组织及劳动协作关系。不断培养提高劳动者素质,激发劳动者的积极性与创造性,提高劳动生产率,达到以最小的劳动消耗,全面完成工程合同,获取更大的经济效益和社会效益。

## 二、构件堆放专职人员组织管理

施工现场应设置构件堆放专职人员,负责施工现场进场构件堆放、储运的管理工作。构件堆放专职人员应建立现场构件堆放台账,进行构件收、发、储、运等环节的管理,对预制构件进行分类有序堆放。同类预制构件应采取编码使用管理,防止装配过程中出现错装问题。

为保障装配建筑施工工作的顺利开展,确保构件使用及安装的准确性,防止构件装配出现错装、误装或难以区分构件等问题,不宜随意更换构件堆放专职人员。

## 三、吊装作业劳动力组织管理

装配整体式混凝土结构在构件施工中,需要进行大量的吊装作业,吊装作业的效率将直接影响到工程施工的进度,吊装作业的安全将直接影响到施工现场的安全文明管理。吊装作业班组一般由班组长、吊装工、测量放线工、司索工等组成。

## 四、灌浆作业劳动力组织管理

灌浆作业施工由若干班组组成,每组应不少于两人,一人负责注浆作业,一人负责调浆及灌浆溢流孔封堵工作。

## 五、劳动力组织技能培训

(1)吊装工序施工作业前,应对工人进行专门的吊装作业安全意识培训。构件安装前应对工人进行构件安装专项技术交底,确保构件安装质量一次到位。

(2)灌浆作业施工前,应对工人进行专门的灌浆作业技能培训,模拟现场灌浆施工作业流程,提高注浆工人的质量意识和业务技能,确保构件灌浆作业的施工质量。

# 第四节　材料、预制构件组织管理

## 一、材料、预制构件管理内容和要求

施工材料、预制构件管理是为了顺利完成项目施工任务,从施工准备到项目竣工交付为止,所进行的施工材料和构件计划、采购运输、库存保管、使用、回收等所有的相关管理工作。

(1)根据现场施工所需的数量、构件型号,提前通知供货厂家按照提供的构件生产和进场计划组织好运输车辆,有序地运送到现场。

(2)装配整体式结构采用的灌浆料、套筒等材料的规格、品种、型号和质量必须满足设计和有关规范、标准的要求,座浆料和灌浆料应提前进场取样送检,避免影响后续施工。

(3)预制构件的尺寸、外观、钢筋等,必须满足设计和有关规范、标准的要求。

(4)外墙装饰类构件、材料应符合国家现行规范和设计的要求,同时应符合经业主批准的材料样板的要求,并应根据材料的特性、使用部位来进行选择。

(5)建立管理台账,进行材料收、发、储、运等环节的技术管理,对预制构件进行分类有序堆放。此外,同类预制构件应采取编码使用管理,防止装配过程中出现位置错装问题。

## 二、材料、预制构件运输控制

应采用预制构件专用运输车或对常规运输车进行改装,降低车辆装载重心高度并设置运输稳定专用固定支架后,运输构件。

预制叠合板(装配整体式楼板)、装配整体式楼板、预制阳台和预制楼梯宜采用平放运输,预制外墙板和整体式墙体宜采用专用支架竖立靠放运输。预制外墙板养护完毕即安置于运输靠放架上,每一个运输架上对称放置两块预制外墙板。运输薄壁构件时,应设专用固定架,采用竖立或微倾放置方式。为确保构件表面或装饰面不被损伤,放置时插筋向内、装饰面向外,与地面之间的倾斜角度应大于80°以防倾覆。为防止运输过程中车辆颠簸对构件造成的损伤,构件与刚性支架应加设橡胶垫等柔性材料,且应采取防止构件移动、倾倒、变形等的固定措施。此外构件运输堆放时还应满足下列要求。

(1)构件运输时的支承点应与吊点在同一竖直线上,支承必须牢固。

(2)运载超高构件时应配电工跟车,随带工具保护途中架空线路,保证运输安全。

(3)运输 T 梁、工梁、桁架梁等易倾覆的大型构件时,必须用斜撑牢固地支撑在梁腹上。

(4)构件装车后应用紧线器紧固于车体上,长距离运输途中应检查紧线器的牢固状况,发现松动必须停车紧固,确认牢固后方可继续运行。

(5)搬运托架、车厢板和预制混凝土构件间应放入柔性材料,构件应用钢丝绳或夹具与托架绑扎,构件边角与锁链接触部位的混凝土应采用柔性垫衬材料保护。材料、预制构件的运输见图7-4。

**图7-4 材料、预制构件的运输**

## 三、大型预制构件运输方案

运输工作开始之前,要做好充分准备。设计全面的吊装运输方案,明确运输车辆,合理设计并制作运输架等装运工具,并且要仔细清点构件,确保构件质量良好并且数量齐全。当运输超高、超宽、超长构件时,必须向有关部门申报,经批准后,在指定路线上行驶。牵引车上应悬挂安全标志,超高的部件应有专人照看,并配备适当的保护器具,保证在有障碍物的情况下安全通过。大型构件在实际运输之前应踏勘运输路线,确认运输道路的承载力(含桥梁和地下设施)、宽度、转弯半径、穿越桥梁与隧道的净空、架空线路的净高满足运输要求,确认运输机械与电力架空线路的最小距离符合要求,必要时可以进行试运。

必须选择平坦坚实的运输道路,必要时可"先修路,再运送"。

# 第五节　机械设备管理

机械设备管理就是对机械设备全过程的管理,即从选购机械设备开始,经过投入使用、磨损、补偿,直至报废退出生产领域为止的全过程的管理。

## 一、机械设备选型

### (一)机械设备选型依据

(1)工程的特点:根据工程平面分布、长度、高度、宽度、结构形式等确定设备选型。

(2)工程量:充分考虑建设工程需要加工运输的工程量大小,决定选用的设备型号。

(3)施工项目的施工条件:现场道路条件、周边环境条件、现场平面布置条件等。

### (二)机械设备选型原则

(1)适应性:施工机械与建设项目的实际情况相适应,即施工机械要适应建设项目的施工条件和作业内容。施工机械的工作容量、生产效率等要与工程进度及工程量相符合,避免因施工机械设备的作业能力不足而延误工期,或因作业能力过大而使机械设备的利用率降低。

（2）高效性：通过对机械功率、技术参数的分析研究，在与项目条件相适应的前提下，尽量选用生产效率高的机械设备。

（3）稳定性：选用性能优越稳定、安全可靠、操作简单方便的机械设备。避免因设备经常不能运转而影响工程项目的正常施工。

（4）经济性：在选择工程施工机械时，必须权衡工程量与机械费用的关系。尽可能选用低能耗、易保养维修的施工机械设备。

（5）安全性：选用的施工机械的各种安全防护装置要齐全、灵敏可靠。此外，在保证施工人员、设备安全的同时，应注意保护自然环境及已有的建筑设施，不致因所采用的施工机械设备及其作业而受到破坏。

### （三）施工机械需用量的计算

施工机械需用量根据工程量、计划期内的台班数量、机械的生产率和利用率按公式计算确定。

$$N = P/(W \times Q \times K_1 \times K_2)$$

式中　$N$——需用机械数量；

$P$——计划期内的工作量；

$W$——计划期内的台班数量；

$Q$——机械每台班生产率（即单位时间机械完成的工作量）；

$K_1$——工作条件影响系数（因现场条件限制造成的）；

$K_2$——机械生产时间利用系数（指考虑了施工组织和生产实际损失等因素对机械生产效率的影响系数）。

### （四）吊运设备的选型

装配整体式混凝土结构，一般情况下采用的预制构件体型重大，人工很难对其加以吊运安装作业，通常情况下我们需要采用大型机械吊运设备完成构件的吊运安装工作。吊运设备分为移动式汽车起重机和塔式起重机。在实际施工过程中应合理地使用两种吊装设备，使其优缺点互补，以便于更好地完成各类构件的装卸运输、吊运安装工作,取得最佳的经济效益。

1. 移动式汽车起重机选择

在装配整体式混凝土结构施工中,对于吊运设备的选择,通常会根据设备造价、合同周期、施工现场环境、建筑高度、构件吊运质量等因素综合考虑确定。一般情况下,在低层、多层装配整体式混凝土结构施工中,预制构件的吊运安装作业通常采用移动式汽车起重机,当现场构件需二次倒运时,可采用移动式汽车起重机如图7-5。

**图7-5　移动式起重设备**

2. 塔式起重机选择

(1)塔式起重机的选型首先取决于装配整体式混凝土结构的工程规模,如小型多层装配整体式混凝土结构工程,可选择小型的经济型塔式起重机,高层建筑的塔式起重机选择,如图7-6所示。宜选择与工程规模相匹配的起重机械,因垂直运输能力能直接决定结构施工速度的快慢,要对不同塔式起重机的差价与加快进度的综合经济效果进行比较,要合理选择。

图 7-6　塔式起重机

（2）塔式起重机应满足吊次的需求。

塔式起重机的吊次计算：一般中型塔式起重机的理论吊次为 80~120 次/台班，塔式起重机的吊次应根据所选用塔式起重机的技术说明中提供的理论吊次进行计算。计算时可按所选塔式起重机所负责的区域及每月计划完成的楼层数，统计需要塔式起重机完成的垂直运输的实物量，合理计算出每月实际需用吊次，再计算每月塔式起重机的理论吊次（根据每天安排的台班数）。

（3）塔式起重机覆盖面的要求。

塔式起重机的型号决定了塔式起重机的臂长幅度，布置塔式起重机时，塔臂应覆盖堆场构件，避免出现覆盖盲区，减少预制构件的二次搬运。对含有主楼、裙房的高层建筑，塔臂应全面覆盖主体结构部分和堆场构件存放位置，力求覆盖全部裙楼。

当出现难以解决的楼边覆盖时，可考虑采用临时租用汽车起重机解决裙房边角垂直运输问题,不能盲目加大塔式起重机型号,应认真进行技术经济比较分析后确定方案。

(4)最大起重能力的要求。

在塔式起重机的选型中应结合塔式起重机的尺寸及起重量载荷特点进行确定,重点考虑工程施工过程中,最重的预制构件对塔式起重机吊运能力的要求,应根据其存放的位置、吊运的部位、距塔中心的距离,确定该塔式起重机是否具备相应起重能力,确定塔式起重机方案时应留有余地。当塔式起重机不满足吊重要求时,必须调整塔型使其满足要求。

## 二、机械设备使用管理

在工程项目施工过程中,要合理使用机械设备,严格遵守项目的机械设备施工管理规定。

"三定"制度:主要施工机械在使用中实行定人、定机、定岗位责任的制度。

交接班制度:在采用多班制作业、多人操作机械时,应执行交接班制度。交接班时应包含交接工作完成情况、机械设备运转情况、备用料具、机械运行记录等内容。

安全交底制度:严格实行安全交底制度,使操作人员对施工要求、场地环境、气候等安全生产要素有详细的了解,确保机械使用的安全。

技术培训制度:通过进场培训和定期的过程培训,使操作人员做到"四懂三会",即懂机械原理、懂机械构造、懂机械性能、懂机械用途,会操作、会维修、会排除故障。

持证制度:施工机械操作人员必须经过技术考核合格并取得操作证后,方可独立操作该机械,严禁无证操作。

## 三、机械设备的进厂检验

施工项目总承包企业的项目经理部,对进入施工现场的所有机械设备的安装、调试、验收、使用、管理、拆除退场等负有全面管理的责任。因此项目经理部无论是对企业自有或者租赁的设备，还是对分包单位自有或者租赁的设备，都要进行监督检查。

# 第六节　信息化管理

信息化管理是以现代通信、网络、数据库技术为基础，把所研究对象各要素汇总至数据库，供特定人群生活、工作、学习、辅助决策等，和人类息息相关的各种行为相结合的一种技术。使用该技术后，可以极大地提高各种行为的效率，为推动人类社会进步提供极大的技术支持。

## 一、BIM 与装配整体式混凝土结构施工管理

1975 年，"BIM 之父"——美国佐治亚理工学院的 Chunk Eastman 教授创建了 BIM 理念，2002 年 Autodesk 公司提出 BIM（Building Information Modeling）的概念。

### （一）BIM 软件的选择

国外有四大软件。其中，欧特克（Autodesk）公司的 Revit 占国内 90% 的份额，被大量用于建筑、结构和机电专业，主要适用于民用建筑市场；内梅切克（Nemetschek）收购的图软（Graphisoft）公司，其 ArchiCAD 对硬件要求比较低，能够很好地表达建筑设计师的设计意图；Bentley 适用于建筑、结构和设备系列，在工厂设计和基础设施领域有优势。达索系统（Dassault Systemes）是全球高端的机械设计制造软件，在航空、航天、汽车等领域具有垄断地位。

目前广联达研发并拥有建筑 GCL、钢筋 GGJ、机电 GQI 或 MagiCAD（2014 年收购）、场地 GSL、全专业 BIM 模型集成的平台（BIM5D）等全过程应用软件。广联达通过 GFC（Glodon Foundation Class）接口，实现了 BIM5D 中 Revit 数据的导入，对接算量软件。鲁班软件研发了鲁班土建、钢筋、安装、施工、总体等一系列的应用软件。

鲁班软件通过 Luban Trans – Revit 接口,实现鲁班与 Revit 的导入。

目前国内建筑业使用的主流 BIM 核心建模软件是 Autodesk Revit,采用 Autodesk Navisworks 进行碰撞检测。

### (二)BIM 在装配整体式混凝土结构施工与管理中的应用

截至目前,中国建筑科学研究院研发完成了 PKPM 软件的 IFC 接口。北京柏慕进业的柏慕 1.0 标准化应用体系,实现了全专业施工图出图、国标清单工程量、建筑节能计算、设备冷热负荷计算、施工运维信息管理等应用。广联达就国内目前 BIM 技术应用中存在的接口、成本预算管理、5D 管理、网络平台等一系列问题,与清华大学联合进行了 16 个课题的研发。广联达在 BIM 应用中的算量方面亦实现了国标清单工程量的输出。

BIM 在装配整体式混凝土结构施工与管理中的应用主要是施工单位的深化设计、工厂化生产、装配化施工、利用 BIM 平台进行信息化管理,建立各种构件模型,模拟进行组合装配,优化构件连接节点,组合碰撞后进行设计调整。例如,建立建筑结构与各种管线模型,进行三维模拟布设,发现碰撞点后,进行设计优化,见图 7-7。

**图 7-7　BIM 防碰撞管线铺设**

在装配工地会进行构件堆放地点的选择、塔式起重机的选择和分析、预制构件安装过程模拟、装饰装修部分的 BIM 应用、质量验收的 BIM 应用等内容。例如,在装配整体式混凝土结构施工中,对现浇混凝土的施工,可以采用 BIM 技术提前对支架、模板、施工安装顺序等进行模拟,提高施工的效率,避免现场盲目施工。图 7-8 是某工程的预制叠合板(装配整体式楼板)板间现浇混凝土板带的 BIM 模拟情况。

图 7-8　预制叠合板(装配整体式楼板)板间现浇混凝土板带的 BIM 模拟情况

## 二、物联网与装配整体式混凝土结构施工与管理

物联网(Internet of Things,IoT)的概念最早由美国麻省理工二学院在 1999 年提出,它指的是将各种信息传感设备,如将射频识别(RFID)装置、红外感应器、全球定位系统、激光扫描器等种种装置与互联网结合起来而形成的一个巨大网络。其目的是让所有的物品都与网络连接在一起,系统可以自动地、实时地对物体进行识别、定位、追踪、监控并触发相应事件。

### (一)物联网的核心技术

1. 无线射频识别技术

RFID(Radio Frequency Identification),无线射频识别,是一种非接触式的自动识别技术。它通过射频信号自动识别目标对象并获取相关数据,识别工作无须人工干预,可工作于各种恶劣环境。RFID 技术可同时识别多个标签,操作快捷方便。在国内,RFID 已经在身份证、电子收费系统、物流管理等领域有了广泛应用。

**2. 二维码技术**

二维条码/二维码(2 - dimensional bar code)是用某种特定的几何图形按一定规律在平面(二维方向上)分布的、黑白相间的图形,用于记录数据符号信息。在代码编制上巧妙地利用构成计算机内部逻辑基础的"0""1"比特流的概念,使用若干个与二进制相对应的几何形体来表示文字数值信息,通过图像输入设备或光电扫描设备自动识读以实现信息自动处理。二维条码具有储存量大、保密性高、追踪性高、抗损性强、备援性大、成本低等特性,这些特性特别适用于表单、安全保密、追踪、证照、存货盘点、资料备援等方面。

**3. 传感器技术**

传感器技术同计算机技术与通信技术一起被称为信息技术的三大技术。从仿生学观点来看,如果把计算机看成处理和识别信息的"大脑",把通信系统看成传递信息的"神经系统"的话,那么传感器就是"感觉器官"。微型无线传感技术以及以此组件为基础的传感网是物联网感知层的重要技术手段。

**4. 北斗星技术**

北斗星技术又称为全球定位系统,是具有海、陆、空全方位实时三维导航与定位能力的新一代卫星导航与定位系统。北斗星技术作为移动感知技术,是物联网延伸到移动物体采集移动物体信息的重要技术,更是物流智能化、智能交通的重要技术。

**5. 无线传感器网络技术**

无线传感器网络(Wireless Sensor Network,简称 WSN)的基本功能是将一系列空间分散的传感器单元通过自组织的无线网络进行连接,从而将各自采集的数据通过无线网络进行传输汇总,以实现对空间分散范围内的物理或环境状况的协作监控,并根据这些信息进行相应的分析和处理。

## (二)装配整体式混凝土结构物联网系统

该系统是以单个部品(构件)为基本管理单元,以无线射频芯片(RFID 及二维码)为跟踪手段,以工厂部品生产、现场装配为核心,以工厂的原材料检验、生产过程检验、出入库、部品运输、部品安装、工序监理验收为信息输入点,以单项工程为信息汇总单元的物联网系统,见图7-9。该系统的功能特点有以下几点。

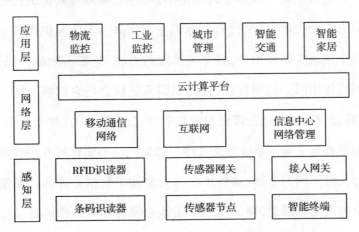

图7-9 无线射频芯片二维码

(1)部品钢筋网绑定拥有唯一编号的无线射频芯片(RFID 及二维码),做到单品管理;每个部品(构件)上嵌入的 RFID 芯片和粘贴的二维码相当于给部品(构件)配上了"身份证",可以通过该身份证对部品的来龙去脉了解得一清二楚,可以实现信息流与实物流的快速无缝对接。

(2)该系统是集行业门户、企业认证、工厂生产、运输安装、竣工验收、大数据分析、工程监理等为一体的物联网系统,见图7-10。

| 应用层 | 物流监控 | 工业监控 | 城市管理 | 智能交通 | 智能家居 |
|---|---|---|---|---|---|
| 网络层 | 云计算平台 | | | | |
| | 移动通信网络 | 互联网 | | 信息中心网络管理 | |
| 感知层 | RFID识读器 | 传感器网关 | | 接入网关 | |
| | 条码识读器 | 传感器节点 | | 智能终端 | |

图7-10 装配整体式混凝土结构物联网系统的组成

### (三)物联网在装配整体式混凝土结构施工与管理中的应用

物联网可以贯穿装配整体式混凝土结构施工与管理的全过程,实际上从深化设计开始就已经将每个构件唯一的"身份证"(ID 识别码)编制出来,为预制构件生产、运输、存放、装配、施工包括现浇构件施工等一系列环节的实施提供关键技术基础,保证各类信息跨阶段无损传递、高效使用,实现精细化管理,实现可追溯性。

1.预制构件生产

(1)预制构件 RFID 编码体系的设计。

在构件的生产制造阶段,需要对构件置入 RFID 标签,标签内包含构件单元的各种信息,以便于在运输、存储、施工吊装的过程中对构件进行管理。由于装配整体式混凝土结构所需构件数量巨大,要想准确识别每一个构件,就必须给每个构件赋予唯一的编码。建立的编码体系应不仅能唯一识别单一构件,还应能从编码中直接读取构件的位置信息。因而施工人员不仅能自动采集施工进度信息,还能根据 RFID编码直接得出预制构件的位置信息,确保每一个构件安装位置的正确。

(2)RFID 标签的编码原则。

1)唯一性。

所谓唯一性是指在某一具体建筑模型中,每一个实体与其标识代码一一对应,即一个实体只有一个代码,一个代码只标识一个实体。实体标识代码一旦确定,不会改变。在整个建筑实体模型中,各个实体间的差异,是靠不同的代码识别的。假如把两种不同实体用同一代码标识,自动识别系统就会把它们视为同一个实体,认为编码有误,将会对其做优化处理而剔除其中的冗余信息。这样就会由于某一个编码的无效性而导致整个编码系统的无效性。如果同一个实体有几个代码,自动识别系统将视其为几种不同的实体,这样不仅大大增加了数据处理的工作量,而且会造成数据处理上的混乱。因此,确保每一个实体必须有唯一的代码就显得格外重要。唯一性是编码最重要的一条原则。

2）可扩展性。

编码应考虑各方面的属性，并预留扩展区域。而针对不同的建筑项目，或者是针对不同的名称，相应的属性编码之间是独立的，不会互相影响。这样就保证了编码体系的大样本性，确保了足够的容量为大量的各种各样的建筑实现服务。

3）有含义，确保编码卡的可读性和简单性。

有含义代码其代码本身及其位置能够表示实体特定信息。使用有含义编码反而可以加深编码的可阅读性，易于完善和分类，最重要的是这种有含义的编码在数据处理方面的优势是无含义编码所不具有的。

（3）编码体系。

1）第 1 位：ISO 位，编码跟节点（均为 i 开头）。

2）第 2 位：码制位，1 代表 QR 码，2 代表龙贝码，3 代表 GM 码（构件二维码码制）。

3）第 3～8 位：制造企业地域位，按照身份证号码前六位进行编制。

4）第 9～14 位：企业在建筑物联系统中的注册号。

5）第 15～16 位：部品用途，10 代表产品，30 代表业务，40 代表公共设施。

6）第 17～24 位：部品分类号，按照装配整体式混凝土结构部品分类规范进行编码。

7）第 25～28 位：工程申报年份。

8）第 29～33 位：工程编号（政府编制的工程号，当号码长度不同时，前面补 0）。

9）第 34～40 位：企业内部管理用的部品编号。

**2. 预制构件运输**

在构件生产阶段为每一个预制构件加入 RFID 电子标签，将构件码入库，根据施工顺序，将某一阶段所需的构件提出、装车，这时需要用读写器一一扫描，记录下出库的构件及其装车信息。运输车辆上装有北斗星，可以实时定位监控车辆所到达的位置。到达施工现场以后，扫码记录，根据施工顺序卸车码入库。

3. 预制构件装配施工的管理

在装配整体式混凝土结构的装配施工阶段,BIM 与 RFID 结合可以发挥两方面的作用:一方面是管理构件的存储,另一个方面是控制工程的进度。两者的结合可以实现对构件的存储管理和施工进度控制的实时监控。另外,在装配整体式混凝土结构的施工过程中,通过 BIM 和 RFID 将设计、构件生产、营造施工各阶段紧密地联系起来,不但解决了信息创建、管理、传递的问题,而且 BIM 模型、三维图纸、装配模拟、采购制造运输存放安装的全程跟踪等手段为工业化建造方法的普及也奠定了坚实的基础,对于实现建筑工业化有极大的推动作用。

(1)装配施工阶段构件的管理。

在装配整体式混凝土结构的施工管理过程中,应当重点考虑两方面的问题:一方面是构件入场的管理,另一方面是构件吊装施工中的管理。

在此阶段,以 RFID 技术为主追踪监控构件存储吊装的实际进程,并以无线网络即时传递信息,同时配合 BIM,可以有效地对构件进行追踪控制。RFID 与 BIM 相结合的优点在于信息准确丰富,传递速度快,减少人工录入信息可能造成的错误。使用 RFID 标签最大的优点在于其无接触式的信息读取方式,在构件进场检查时,甚至无须人工介入,直接设置固定的 RFID 阅读器,只要运输车辆速度满足条件,即可采集数据。

(2)工程进度控制。

在进度控制方面,BIM 与 RFID 的结合应用可以有效收集施工过程进度数据,利用相关进度软件,如 P3、MS Project 等,对数据进行整理和分析,并可以应用 5D 技术对施工过程进行可视化模拟。然后,将实际进度数据分析结果和原进度计划相比较,得出进度偏差量。最后,进入进度调整系统,采取调整措施加快实际进度,确保总工期不受影响。

在施工现场,可利用手持或固定的 RFID 阅读器收集标签上的构件信息,管理人员可以及时地获取构件的存储和吊装情况的信息,并通过无线感应网络及时传递进度信息。获取的进度信息可以以 Project 软件 . mpp 文件的形式导入 Navisworks Manage 软件中进行进度的模拟,并与计划进度进行比对,可以很好地掌握工程的实际进度状况。

4.运营维护阶段的管理

(1)物业管理。

在物业管理中,RFID 在设施管理、门禁系统方面应用广泛,如在各种管线的阀门上安装电子标签,标签中存有该部品的相关信息(如维修次数、最后维护时间等),工作人员可以使用阅读器很方便地寻找到相关设施的位置,每次对设施进行相关操作后,将相应的记录写入 RFID 标签中,同时将这些信息存储到集成 BIM 的物业管理系统中,这样就可以对建筑物中各种设施的运行状况有直观的了解。

(2)建筑物改建及拆除。

运维阶段,BIM 软件以其阶段化的设计方式实现对建筑物改造、扩建、拆除的管理;参数化的设计模式可以将房间图元的各种属性,如名称、体积、面积、用途、楼地板的做法等集合在模型内部,结合物联网技术在建筑安防监控、设备管理等方面的应用可以很好地对建筑进行全方位的管理。

# 第七节　专项施工方案编制

## 一、专项施工方案的组成要素

专项施工方案编制过程中的组成要素如下:①工程概况;②施工安排;③施工进度计划;④施工准备与资源配置计划;⑤施工方法及工艺要求。

## 二、编制专项施工方案的具体要求

1. 工程概况

(1)工程概况应包括工程主要情况、设计说明、工程施工条件等。

(2)工程主要情况应包括分部(分项)工程或专项工程名称,工程参建单位的相关情况,工程的施工范围、施工合同、招标文件或总承包单位对工程施工的重点要求等。

(3)设计说明应主要介绍施工范围内的工程设计内容和相关要求。

(4)工程施工条件应重点说明与分部(分项)工程或专项工程相关的内容。

(5)装配式混凝土结构施工,除了应编制相应的施工方案外,还应把专项施工方案进行细化,具体内容如下。

1)储存场地及道路方案。

2)吊装方案(各类构件)。

3)叠合板(装配整体式楼板)的排架方案(独立支撑)。

4)转换层施工,钢筋的精确定位方案。

5)墙板的支撑方案(三角支撑)。

6)叠合层(装配整体式层)的浇筑、拼缝方案。

7)叠合层(装配整体式层)与后浇带养护方案。

8)注浆施工方案。

9)外挂架使用方案。

2. 施工安排

(1)工程施工目标包括进度、质量、安全、环境、成本等目标,各项目标应满足施工合同、招标文件和总承包单位对工程施工的要求。

(2)工程施工顺序及施工流水段应在施工安排中确定。

(3)针对工程的重点和难点进行施工安排,并简述主要管理和技术措施。

(4)工程管理的组织机构及岗位职责应在施工安排中确定,并应符合总承包单位的要求。

3. 施工进度计划

(1)分部(分项)工程或专项工程施工进度计划应按照施工安排,并结合总承包单位的施工进度计划进行编制。施工进度计划的编制应内容全面、安排合理、科学实用,在进度计划中应反映出各施工区段或各工序之间的搭接关系,施工期限和开始、结束时间。同时,施工进度计划应能体现和落实总体进度计划的目标的控制要求;通过编制分部(分项)工程或专项工程进度计划,进而体现总进度计划的合理性。

(2)施工进度计划可采用网络图或横道图表示,并附必要说明。

4. 施工准备与资源配置计划

(1)施工准备应包括下列内容。

1)技术准备:包括施工所需技术资料的准备、图纸深化和技术交底的要求、试验检验和测试工作计划、样板制作计划以及与相关单位的技术交接计划等。

2)现场准备:包括生产、生活等临时设施的准备,以及与相关单位进行现场交接的计划等。

3)资金准备:编制资金使用计划等。

(2)资源配置计划应包括下列内容。

1)劳动力配置计划:确定工程用工量,并编制专业种劳动力计划表。

2)物资配置计划:包括工程材料和设备配置计划,周转材料和施工机具配置计划,以及计量、测量和检验仪器配置计划等。

5. 施工方法及工艺要求

(1)明确分部(分项)工程或专项工程施工方法,并进行必要的技术核算,对主要分项工程(工序)明确施工工艺要求。施工方法是工程施工期间所采用的技术方案、工艺流程、组织措施、检验手段等。它直接影响施工进度、质量、安全以及工程成本。

本条所规定的内容应比施工组织总设计和单位工程施工组织设计的相关内容更细化。

（2）对易发生质量通病、易出现安全问题、施工难度大、技术含高的分项工程（工序）等应做出重点说明。

（3）对开发和使用的新技术、新工艺以及采用的新材料、新设备，应通过必要的试验或论证并制订计划。对于工程中推广应用的新技术、新工艺、新材料和新设备，可以采用目前国家和地方推广的，也可以根据工程具体情况由企业创新；对于企业创新的技术和工艺，要制订理论和试验研究实施方案，并组织鉴定评价。

（4）对季节性施工应提出具体要求。根据施工地点的实际气候特点，提出具有针对性的施工措施。在施工过程中，还应根据气象部门的预报资料，对具体措施进行细化。

# 第八章

# 安全生产管理

# 第一节　安全生产管理概述

安全生产是实现建设工程质量、进度与造价三大控制目标的重要保障,近年来,尤其是建筑工业化水平的提高和装配整体式混凝土结构的大力推进,为传统的建筑施工安全生产管理提出新的要求。

## 一、装配整体式混凝土结构施工安全生产管理的依据和要求

装配整体式混凝土结构施工安全生产管理,必须遵守国家、部门和地方的相关法律、法规和规章以及相关规范、规程中有关安全生产的具体要求,对施工安全生产进行科学的管理,并推行绿色施工,预防生产安全事故的发生,保障施工人员的安全和健康,提高施工管理水平,实现安全生产管理工作的标准化。

## 二、安全生产责任制

安全生产责任制是安全管理的核心,尤其是装配整体式混凝土结构的安全操作规程及安全知识的培训和再教育更有必要,同产业化密切相关的制度应重点强调。

### (一)制定各工种安全操作规程

工种安全操作规程可消除和控制劳动过程中的不安全行为,预防伤亡事故,确保作业人员的安全和健康,是企业安全管理的重要制度之一。

安全操作规程的内容应根据国家和行业安全生产法律、法规、标准、规范,结合施工现场的实际情况来制定,同时根据现场使用的新工艺、新设备、新技术,制定出相应的安全操作规程,并监督其实施。

### (二)制定施工现场安全管理规定

施工现场安全管理规定是施工现场安全管理制度的基础,目的是规范施工现场安全防护设施的标准化、定型化。

施工现场安全管理的内容包括:施工现场一般安全规定、构件堆放场地安全管理、脚手架工程安全管理、支撑架及防护架安全使用管理、电梯井操作平台安全管

理、马道搭设安全管理、水平安全网支搭拆除安全管理、孔洞临边防护安全管理、拆除工程安全管理、防护棚支搭安全管理等。

### （三）制定机械设备安全管理制度

机械设备是指目前建筑施工中普遍使用的垂直运输和加工机具，由于机械设备本身存在一定的危险性，如果管理不当可能造成机毁人亡。塔式起重机和汽车式起重机是混凝土装配式结构施工中安全使用管理的重点。

机械设备安全管理制度的规定包括：大型设备应到上级有关部门备案，应遵守国家和行业有关规定，还应设专人负责定期进行安全检查、保养，保证机械设备处于良好的状态。

### （四）制定施工现场临时用电安全管理制度

施工现场临时用电是目前建筑施工现场使用广泛、危险性比较大的项目，它牵扯到每个劳动者的安全，也是施工现场的一项重点安全管理项目。

施工现场临时用电管理制度的内容应包括外电的防护，地下电缆的保护，设备的接地与接零保护，配电箱的设置及安全管理规定（总箱、分箱、开关箱），现场照明、配电线路、电器装置、变配电装置、用电档案的管理等。

# 第二节　起重机械与垂直运输设施安全管理

起重机械是建筑工程施工中不可缺少的设备，在装配整体式混凝土结构工程施工中主要采用自行式起重机和塔式起重机，用于构件及材料的装卸和安装。垂直运输设施主要包括塔式起重机、物料提升机和施工升降机，其中施工升降机既可承担物料的垂直运输，也可承担施工人员的垂直运输。自行式起重机和塔式起重机选用应根据拟施工的建筑物平面形状、高度、构件数量、最大构件质量及长度确定，确保安全使用起重机械。

科学安排与合理使用起重机械及垂直运输设施可大大减轻施工人员的体力劳

动强度,确保施工质量与安全生产,加快施工进度,提高劳动生产率。起重机械与垂直运输设施均属特种设备,其安拆与相关施工操作人员均属特种作业人员。设备的安全运行对保障建筑施工安全生产具有重要意义。

## 一、起重机械与垂直运输设施技术档案及报检

### (一)技术档案管理

所需管理的技术档案包括以下几个方面。

(1)起重机械随机出厂文件(包括设计文件、产品质量合格证明、监督检验证明、安装技术文件和资料、使用和维护保养说明书、装箱单、电气原理接线图、起重机械功能表、主要部件安装示意图、易损坏目录)。

(2)安全保护装置的形式试验合格证明。

(3)特种设备检验机构起重机械验收报告、定期检验报告和定期自行检查记录。

(4)日常使用状况记录。

(5)日常维护保养记录。

(6)运行故障及事故记录。

(7)使用登记证明。

### (二)使用登记和定期报检

(1)起重机械安全检验合格标志有效期满前一个月应向特种设备安全检验机构申请定期检验。

(2)起重机械停用一年重新启用,或发生了重大的设备事故和人员伤亡事故,或经受了可能影响其安全技术性能的自然灾害(火灾、水淹、地震、雷击、大风等)后也应向特种设备安全监督检验机构申请检验。

(3)申请起重机械安全技术检验应采用书面形式,一份报送执行检验的部门,另一份由起重机械安全管理人员负责保管,作为起重机械管理档案保存。

(4)凡有下列情况之一的起重机械,必须经检验检测机构按照相应的安全技术规范的要求实施监督检验,检验合格后方可使用。

1）首次启用或停用一年后重新启用的。

2）经大修、改造后的。

3）发生事故后可能影响设备安全技术性能的。

4）自然灾害后可能影响设备安全技术性能的。

5）转场安装和移位安装的。

6）国家其他法律法规要求的。

### （三）日常检查管理制度

设备管理部门应严格执行设备的日检、月检和年检,即每个工作日对设备进行一次常规的巡检,每月对易损零部件及主要安全保护装置进行一次检查,每年至少进行一次全面检查,保证设备始终处于良好的运行状态。

常规检查应由起重机械操作人员或管理人员进行,其中月检和年检也可以委托专业单位进行;检查中发现异常情况时,必须及时进行处理,严禁设备带故障运行,所有检查和处理情况应及时进行记录。

1.起重机年检的主要内容

（1）月度检查的所有内容。

（2）金属结构的变形、裂纹、腐蚀,焊缝、铆钉、螺栓等连接情况。

（3）主要零部件的磨损、裂纹、变形等情况。

（4）重量指示、超载报警装置的可靠性和精度。

（5）动力系统和控制器。

2.起重机日常维护保养管理制度

日常维护保养工作是保证起重机械安全、可靠运行的前提,在起重机械的日常使用过程中,应严格按照随机文件的规定,定期对设备进行维护保养。

维护保养工作可由起重机械司机、管理人员和维修人员进行,也可以委托具有相应资质的专业单位进行。

3.起重机维护保养注意事项

（1）将起重机移至不影响其他起重机工作的位置,因条件限制不能做到的应挂安全警告牌、设置监护人并采取防止撞车和触电的措施。

（2）将所有控制器手柄放于零位。

（3）起重机的下方地段应用红白带围起来，禁止人员通行。

（4）切断电源，拉下闸，取下熔断器，并在醒目处挂上"有人检修，禁止合闸"的警告牌，或派人监护。

（5）在检修主滑线时，必须将配电室的总开关断开，并填好工作票，挂好工作牌，同时将滑线短路和接地。

（6）检修换下来的零部件必须逐件清点，妥善处理，不得乱放或遗留在起重机上。

（7）在禁火区动用明火需办动火手续，并配备相应的灭火器材。

（8）登高使用的扶梯要有防滑措施，且有专人监护。

（9）手提行灯应在36 V以下，且有防护罩。

（10）露天检修且有6级及以上大风时，禁止高空作业。

（11）检修后先进行检查再进行润滑，然后试车验收，确定合格后方可投入使用。

## 二、自行式起重机安全管理

自行式起重机是指自带动力并依靠自身的运行机构沿有轨或无轨通道运移的臂架型起重机。分为汽车式起重机、轮胎式起重机、履带式起重机、铁路起重机、随车起重机等。本节以履带式、汽车式和轮胎式起重机为例简述相应的安全管理规程。

### （一）履带式起重机安全管理规定

（1）起重吊装的指挥人员必须持证上岗，作业时应与操作人员密切配合，执行规定的指挥信号。操作人员按照指挥人员的信号进行作业，当信号不清或错误时，操作人员可拒绝执行。

（2）起重机应当在平坦坚实的地面上作业、行走和停放。在正常作业时，坡度不得大于3°，并应与沟渠、基坑保持安全距离。

（3）起重机启动前重点检查项目应符合下列要求。

1）各安全防护装置及各指示仪表齐全完好。

2)钢丝绳及连接部位符合规定。

3)燃油、润滑油、液压油、冷却水等添加充足。

4)各连接件无松动。

(4)起重机启动前应将主离合器分离,各操纵杆放在空挡位置,并应按照起重机使用说明书的规定启动内燃机。

(5)内燃机启动后,应检查各仪表指示值,待运转正常后再接合主离合器,进行空载运转,顺序检查各工作机构及其制动器,确认正常后,方可作业。

(6)作业时,起重臂的最大仰角不得超过出厂规定;当无资料可查时,不得超过78°。

(7)起重机变幅应缓慢平稳,严禁在起重臂未停稳前变换挡位;起重机载荷达到额定起重量的90%以上时,严禁下降起重臂。

(8)在起吊载荷达到额定起重量的90%及以上时,升降动作应慢速进行,并严禁同时进行两种及以上动作。

(9)起吊重物时应先稍离地面试吊,当确认重物已挂牢,起重机的稳定性和制动器的可靠性均良好后,再继续起吊。在重物升起过程中,操作人员应把脚放在制动踏板上,密切注意起升重物,防止吊钩冒顶。当起重机停止运转而重物仍悬在空中时,即使制动踏板被固定,仍应脚踩在制动踏板上。

(10)采用双机抬吊作业时,应选用起重性能相似的起重机进行。抬吊时应统一指挥,动作应配合协调,载荷应分配合理,单机的起吊载荷不得超过允许载荷的80%。在吊装过程中,两台起重机的吊钩滑轮组应保持垂直状态。

(11)当起重机需带载行走时,载荷不得超过允许起重量的70%,行走道路应坚实平整,重物应在起重机正前方向,重物离地面不得大于500 mm,并应拴好拉绳,缓慢行驶。严禁长距离带载行驶。

(12)起重机行走时,转弯不应过急;当转弯半径过小时,应分次转弯;当路面凹凸不平时,不得转弯。

(13)起重机上下坡道时应无载行走。上坡时应将起重臂仰角适当放小,下坡时应将起重臂仰角适当放大。严禁下坡空挡滑行。

（14）起重机的变幅指示器、力矩限制器、起重量限制器以及各种行程限位开关等安全保护装置，应完好齐全、灵敏可靠，不得随意调整或拆除。严禁利用限制器和限位装置代替操纵机构。

（15）起重机作业时，起重臂和重物下方严禁有人停留、工作或通过。重物吊运时，严禁从人上方通过。严禁用起重机载运人员。

（16）严禁使用起重机进行斜拉、斜吊和起吊地下埋设或凝固在地面上的重物以及其他不明质量的物体。现场浇筑的混凝土构件或模板，必须全部松动后方可起吊。

（17）严禁起吊重物长时间悬挂在空中，作业中遇突发故障时，应采取措施将重物降落到安全地方，并关闭发动机或切断电源后进行检修。在突然停电时，应立即把所有控制器拨到零位，断开电源总开关，并采取措施使重物降到地面。

（18）操纵室远离地面的起重机，在正常指挥发生困难时，地面及作业层（高空）的指挥人员均应采用对讲机等有效的通信设备联络进行指挥。

（19）在露天有 6 级及以上大风或大雨、大雪、大雾等恶劣天气时，应停止超重吊装作业。雨雪过后作业前，应先试吊，确认制动器灵敏可靠后方可进行作业。

（20）作业后，起重臂应转至顺风方向，并降至40°～60°之间，吊钩应提升到接近顶端的位置，关停内燃机，将各操纵杆放在空挡位置，各制动器加保险固定，操作室和机棚应关门加锁。

（21）起重机转移工地，应采用平板拖车运送。特殊情况需自行转移时，应卸去配重，拆短起重臂，主动轮应在后面，机身、起重臂、吊钩等必须处于制动位置，并应加保险固定。每行驶 500～1 000 m 时，应对行走机构进行检查和润滑。

## （二）汽车式和轮胎式起重机安全管理规定

（1）轮胎式起重机行驶和工作的场地应保持平坦坚实，并应与沟渠、基坑保持安全距离。

（2）起重机启动前重点检查的项目应符合下列要求。

1）安全保护装置和指示仪表齐全完好。

2）钢丝绳及连接部位符合规定。

3）燃油、润滑油、液压油及冷却水添加充足。

4)各连接件无松动。

5)轮胎气压符合规定。

(3)启动前,应将各操纵杆放在空挡位置,手制动器应锁死,并应按规定启动内燃机。启动后,应怠速运转,检查各仪表指示针,运转正常后接合液压泵,待压力达到规定值,油温超过 30 ℃时,方可开始作业。

(4)应全部伸出支腿,并在撑脚板下垫方木,调整机体使回转支撑面的倾斜度在无荷载时不大于 1/1 000,水准泡居中。支腿有定位销的必须插上,底盘为弹性悬挂的起重机,放支腿前应先收紧稳定器。

(5)作业中严禁扳动支腿操纵阀。调整支腿必须在无荷载时进行,并将起重臂转至正前或正后方后再行调整。

(6)应根据所吊重物的质量和提升高度,调整起重臂长度和仰角,并应估计吊索和重物的高度,留出适当空间。

(7)起重臂伸缩时,应按规定顺序进行,在伸缩臂的同时应相应下降吊钩。当限制器发出警报时,应立即停止伸臂。起重臂缩回时,仰角不宜太小。

(8)起重臂伸出后,出现前节臂杆的长度大于后节伸出长度时,必须进行调整,消除不正常情况后,方可作业。

(9)起重臂伸出后,或主、副臂全部伸出后,变幅时不得小于各长度所规定的仰角。

(10)作业时,汽车驾驶室内不得有人,重物不得超越驾驶室上方,且不得在车的前方起吊。

(11)采用自由重力下降时,荷载不得超过该工作状况下额定起重量的 20%,并使重物有控制地下降,下降停止前应逐渐减速,不得使用紧急制动。

(12)起吊重物达到额定起重量的 50% 及以上时,应使用低速挡。

(13)作业中发现起重机、支腿不稳等异常现象时,应立即使重物下落在安全的地方,下降中严禁制动。

(14)重物在空中需要停留较长时间时,应将起升卷筒制动锁住,操作人员不得离开操纵室。

（15）起吊重物达到额定起重量的90%以上时，严禁同时进行两种及以上的操作动作。

（16）起重机带载回转时，操作应平稳，避免急剧回转或停止，换向应在停稳后进行。

（17）当轮胎式起重机带载行走时，道路必须平坦坚实，载荷必须符合出厂规定，重物离地面不得超过500 mm，并应拴好拉绳，缓慢行驶。

（18）作业后，应将起重臂全部缩回放在支架上，再收回支腿。吊钩应用专用钢丝绳挂牢，应将车架尾部两撑杆放在尾部下方的支座内，并用螺母固定。应将阻止机身旋转的销式制动器插入销孔，并将取力器操纵手柄放在托开位置，最后应锁住起重操纵室门。

（19）行驶前，应检查并确认各支腿的收存无松动，轮胎气压符合规定。行驶时水温应在80 ℃～90 ℃的范围内，水温未达到80 ℃时，不得高速行驶。

（20）行驶时，应保持中速，不得紧急制动，过铁道口或起伏路面时应减速，下坡时严禁空挡滑行，倒车时应有人监护。

（21）行驶时，严禁人员在底盘走台上站立或蹲坐，且不得堆放物件。

## 三、塔式起重机安全管理

塔式起重机是动臂装在高耸塔身上部的旋转起重机。作业空间大，主要用于房屋建筑施工中物料的垂直和水平输送及建筑构件的安装。由金属结构、工作机构和电气系统三部分组成。金属结构包括塔身、起重臂、平衡臂和底座等。工作机构有起升、变幅、回转和行走四部分。电气系统包括电动机、控制器、配电柜、连接线路、信号及照明装置等。塔式起重机是装配整体式混凝土结构施工中的主要运输机械。

塔式起重机的主要技术参数有最大起重量、端部吊重（起重力矩）、最大/最小幅度、最大起升高度、结构形式、变幅方式、塔身截面尺寸等。

塔式起重机分为上回转塔式起重机和下回转塔式起重机两大类。其中前者的承载力要高于后者，在许多施工现场我们所见到的就是上回转式上顶升加节接高的塔式起重机。按其能否移动，可分为走行式和固定式。在装配整体式混凝土结构的施工中一般采用的是固定式的。按其变幅方式可分为水平臂架小车变幅和动臂变幅两种;按其安装形式可分为自升式、整体快速拆装式和拼装式三种。应用最广的是上回转、拆装快速的白升塔式起重机。

## (一)塔式起重机安全管理规定

### 1. 资料管理

施工企业或塔式起重机机主应将塔式起重机的生产许可证、产品合格证、拆装许可证、使用说明书、电气原理图、液压系统图、司机操作证、塔式起重机基础图、地质勘查资料、塔式起重机拆装方案、安全技术交底、主要零部件(钢丝绳、高强连接螺栓、地脚螺栓及主要电气元件等)质保书报给塔式起重机检测中心,经塔式起重机检测中心检测合格后,获得安全使用证,安装好以后同项目经理部交接并记录。同时在日常使用中要加强对塔式起重机的动态跟踪管理,做好台班记录、检查记录和维修保养记录(包括小修、中修、大修)并有相关责任人签字;在维修过程中所更换的材料及易损件要有合格证或质量保证书。上述材料须及时整理归档,建立一机一档台账。

### 2. 拆装管理

塔式起重机的拆装是导致事故多发的阶段,因拆装不当和安装质量不合格而引起的安全事故占有很大的比重。塔式起重机拆装必须要由具有资质的拆装单位进行作业,而且要在资质范围内从事安装拆卸。拆装人员要经过专门的业务培训,有一定的拆装经验并持证上岗,同时要各工种人员齐全,岗位明确,各司其职,听从统一指挥。在调试过程中,专业电工的技术水平和责任心很重要,电工要持电工证和起重工证上岗。

通过对大量的塔式起重机检测资料进行统计发现,有些市区首检合格率不高,其中大多是由于安装人员的安装技术水平较差,拆装单位疏于管理,安全意识尚待进一步提高造成的。因此,必须重视对拆装单位人员的业务培训,并确保培训效果。拆装前要编制专项拆装方案,方案要有安装单位技术负责人审核后的签字。参与拆装的拆装单位应设置警戒区和警戒线,并安排专人指挥,无关人员禁止入场。应严格按照拆装程序和说明书的要求进行作业,当遇风力超过 4 级时要停止拆装,风力超过6级塔式起重机要停止起重作业。特殊情况确实需要在夜间作业的,要有足够的照明度,且要与起重机司机就有关拆装的程序和注意事项进行充分的协商并达成共识。

3.塔式起重机基础

塔式起重机基础是塔式起重机的根本,实践证明有不少重大安全事故都是由于塔式起重机基础存在问题而引起的,它是影响塔式起重机整体稳定性的一个重要因素。有的事故是由于工地为了抢工期,在混凝土强度不够的情况下而草率安装造成的;有的事故是由于地耐力不够造成的;有的事故是由于在基础附近开挖而导致滑坡产生位移,或是由于积水而产生不均匀沉降等造成的。诸如此类的安全事故,都会导致严重的后果,我们必须要高度重视,不得有半点含糊。塔式起重机的稳定性就是塔式起重机抗倾覆的能力,塔式起重机最大的事故就是发生倾翻倒塌。做塔式起重机基础的时候,一定要确保地耐力符合设计要求,钢筋混凝土的强度至少应达到设计值的80%。有地下室工程的塔式起重机基础要采取特别的处理措施,有的要在基础下打桩,并将桩端的钢筋与基础地脚螺栓牢固地焊接在一起。

混凝土基础底面要平整夯实,基础底部不能做成锅底状。基础的地脚螺栓尺寸必须严格按照基础图的要求施工,地脚螺栓要保证有足够的露出地面的长度,每个地脚螺栓要用双螺帽预紧。在安装前要对基础表面进行处理,保证基础的水平度不能超过1/1 000。同时,塔式起重机基础不得积水,积水会造成塔式起重机基础的不均匀沉降。在塔式起重机基础附近不得随意挖坑或开沟。

4.安全距离

在进行塔式起重机平面布置的时候要绘制平面图。尤其是房地产开发小区,住宅楼多,塔式起重机如林,更要考虑相邻塔式起重机的安全距离,在水平和垂直两个方向上都要保证不少于2 m的安全距离,相邻塔式起重机的塔身和起重臂不能发生干涉,尽量保证塔式起重机在风力过大时能自由旋转。塔式起重机后臂与相邻建筑物之间的安全距离不少于50 cm。

塔式起重机与输电线之间的安全距离应符合要求。塔式起重机与输电线的安全距离达不到规定要求的要搭设防护架,防护架搭设原则上要停电搭设,不得使用金属材料,可使用竹竿等材料。竹竿与输电线的距离不得小于 1 m,还要有一定的稳定性,防止被大风吹倒。

多台塔式起重机同时作业时要坚持中间高、四周低的原则,由于中心位置塔式起重机受周围塔式起重机的影响和制约较多,因此居中的塔式起重机应尽可能保持在高位,并保证其技术性能最好。多台塔式起重机安装和操作都要编制方案并做专家论证。多台塔式起重机之间的最小距离应保证处于低位的塔式起重机起吊臂端部与另一台塔式起重机的塔身之间至少有 2 m 的距离。处于高位的塔式起重机最低位置部件(吊钩上升至最高点处或最高位置的平衡重)与低位塔式起重机最高部件之间的垂直距离不得小于 2 m。几台塔式起重机的塔臂高度,不能在同一水平线上,要始终保持 4~6 m 的高低差。

### (二)塔式起重机防碰撞措施

(1)坚持塔式起重机作业运行原则。

1)低塔让高塔原则:低塔在运转时,应观察高塔运行情况后再运行。

2)后塔让先塔原则:塔式起重机在重叠覆盖区运行时,后进入该区域的塔式起重机要避让先进入该区域的塔式起重机。

3)动塔让静塔原则:塔式起重机在重叠覆盖区运行时,运行的塔式起重机应避让该区停止的塔式起重机。

4)轻车让重车原则:在两塔同时运行时,无载荷的塔式起重机应避让有载荷的塔式起重机。

5)副塔让主塔原则:另一区域塔式起重机在进入他人塔式起重机区域时应主动避让主方塔式起重机。

6)同步升降原则:所有塔式起重机应根据具体施工情况在规定时间内统一升降,以满足塔式起重机立体施工的要求。

(2)塔式起重机应由专职人员操作和管理,严禁违章作业和超载使用,机械出现故障或运转不正常时应立即停止使用,并及时予以解决。

(3)塔臂前端设置明显标志,塔式起重机在使用过程中塔与塔之间回转方向必须错开。

（4）从施工流水段上考虑，两塔式起重机的作业时间应尽量错开，避免在同一时间、同一地点两塔式起重机同时使用时发生碰撞。

（5）塔式起重机在起吊物体过程中尽量使用小车回位，待塔式起重机运转到施工需要地点时，再将材料运到施工地点。

（6）塔式起重机的转向制动，要保持完好状态，要经常检查，如有问题，应及时停机维修，决不能带病动转。

（7）塔式起重机同时作业时必须照顾相邻塔式起重机的作业情况，如其吊运方向、塔臂转动位置、起吊高度、塔臂作业半径内的交叉作业等，应由专业信号工设限位哨，以控制塔臂的转动位置及角度，同时控制器具的水平吊运。

（8）禁止两塔式起重机同时向同一方向吊运作业，严防吊运物体及吊绳相碰，确保交叉作业安全。

（9）每一台塔式起重机，必须有 1 名以上专职、经培训合格后持证上岗的指挥人员。

（10）塔式起重机司机要听从指挥，不能赌气开塔式起重机。

（11）塔式起重机同时作业时，必须保持往同一方向放置，不能随意旋转，并要听从指挥人员的指挥。

（12）指挥信号应明确，必须用旗语或对讲机进行指挥。

（13）塔式起重机的指挥人员，应经常保持相互联系，如遇到塔式起重机往对方塔式起重机所在区域旋转时，要事先通知对方或主动采取避让措施，以防止发生碰撞。

（14）有塔式起重机进行升（降）节作业时，必须事前及时与周围塔式起重机所属工地的有关人员进行书面联系，并悬挂警示牌，否则不能进行操作。

（15）夜间施工时，要有足够的照明度，照明度不够的不能施工。

（16）邻近工地的塔式起重机应相互协调，要有区域划分和责任划分。

（17）在确定基础安装时，应与邻近工地保持安全距离，防止塔式起重机相互碰撞。

（18）不是同一施工企业相邻的两个以上工地（塔式起重机易发生碰撞的），相关工地要主动与其他工地进行联系,并签订塔式起重机防碰撞的(协调)措施,相关工地必须认真遵守。

(19)项目部要向有关人员(塔式起重机指挥人员、塔式起重机司机)进行有关防碰撞方面的安全技术交底。

(20)塔式起重机操作司机和起重指挥应加强个人责任心,当塔式起重机进行回转作业时,二者要密切留意塔式起重机起吊臂工作位置,确保留有适当的回转位置空间。

### (三)安全装置

为了保证塔式起重机的正常与安全使用,我们必须强制性要求塔式起重机在安装时具备规定的安全装置,主要有起重量限制器、力矩限制器、高度限制器、行程限制器、幅度限制器、回转限制器、吊钩保险装置、卷筒保险装置、风向风速仪、钢丝绳脱槽保险、小车防断绳装置、小车防断轴装置、缓冲器等。应确保这些安全装置的完好与灵敏可靠;在使用中如发现损坏应及时维修更换,不得私自解除或任意调节。

1. 起重量限制器

起重量限制器也称超载限制器,是一种能使起重机不致超负荷运行的保险装置。当吊重超过额定起重量时,它能自动切断提升机构的电源停车或发出警报。起重量限制器有机械式和电子式两种。

2. 力矩限制器

对于变幅起重机,一定的幅度只允许起吊一定的吊重,如果超重,起吊时就有倾翻的危险。力矩限制器就是根据这个特点研制出的一种保护装置。在某一幅度,如果吊物超出了其相应的重量,电路就被切断,使提升不能进行,保证了起重机的稳定。力矩限制器有机械式、电子式和复合式三种。

3. 高度限制器

高度限制器也称吊钩高度限位器。一般都装在起重臂的头部,当吊钩滑升到极限位置时,便托起杠杆,压下限位开关,切断电路停车;再合闸时,吊钩只能下降。

4. 行程限制器

行程限制器是防止起重机发生撞车或限制其在一定范围内行驶的保险装置。

它一般安装在主动台车内侧,主要是安装一个可以拨动扳把的行程开关。另在轨道的端头(在运行限定的位置)安装一个固定的极限位置挡板,当塔式起重机运行到这个位置时,极限位置挡板即碰触行程开关的扳把,切断控制行走的电源;再合闸时塔吊只能向相反方向运行。

5. 幅度限制器

幅度限制器也称变幅限位或幅度指示器。一般的动臂起重机的起重臂上都挂有一个幅度指示器,它是一个固定的圆形指示盘,在盘的中心装有一个铅垂的活动指针,当变幅时,指针指示出各种幅度下的额定起重量。当臂杆运行到上、下两个极限位置时,分别压下对应的限位开关,切断主控电路,变幅电机停车,起到限位的作用。

## (四)稳定性

塔式起重机高度与底部支承尺寸的比值较大,且塔身的重心高、扭矩大、启制动频繁、冲击力大。为了增加它的稳定性,我们就要分析塔式起重机倾翻的主要原因,其原因有以下几条。

超载:不同型号的塔式起重机通常以起重力矩为主控制,当工作幅度加大或重物超过相应的额定荷载时,重物的倾覆力矩超过它的稳定力矩,就有可能造成塔式起重机倾翻。

斜吊:斜吊重物时会加大塔式起重机的倾覆力矩,在起吊点处会产生水平分力和垂直分力,在塔式起重机底部支承点会产生一个附加的倾覆力矩,从而减小了稳定系数,造成塔式起重机倾翻。

塔式起重机基础不平、地耐力不够、垂直度误差过大也会造成塔式起重机的倾覆力矩增大,使塔式起重机稳定性降低。因此,我们要从这些关键性的因素出发来严格检查检测把关,预防重大设备、人身安全事故的发生。

当塔式起重机超过它的独立高度的时候要架设附墙装置,以增加塔式起重机的稳定性。附墙装置要按照塔式起重机说明书的要求架设,附墙间距和附墙点以上的自由高度不能任意超长,超长的附墙支撑应另外设计,并有计算书进行强度和稳定性的验算。

附着框架应保持水平、固定牢靠与附着杆在同一水平面上,与建筑物之间连接牢固,附着后附着点以下塔身的垂直度不大于 2/1 000,附着点以上垂直度不大于 3/1 000。与建筑物的连接点应选在混凝土柱上或混凝土梁上。用预埋件或过墙螺栓与建筑物结构有效连接。有些施工企业用膨胀螺栓代替预埋件,还有的用缆风绳代替附着支撑,这些都是十分危险的。

### (五)电气安全

按照国家现行标准《建筑施工安全检查标准》(JGJ 59—2011)要求,塔式起重机的专用开关箱也要满足"一机、一箱、一闸、一漏"的要求,漏电保护器的脱扣额定动作电流应不大于 30 mA,额定动作时间不超过 0.1 s。司机室里的配电盘不得裸露在外。电气柜应完好,关闭严密、门锁齐全,柜内电气元件应完好,线路清晰,操作控制机构灵敏可靠,各限位开关性能良好,定期安排专业电工进行检查维修。

### (六)塔式起重机安全操作管理规定

塔式起重机管理的关键还是对司机的管理。操作人员必须身体健康,了解机械构造和工作原理,熟悉机械原理、保养规则,持证上岗。司机必须按规定对起重机做好保养工作,有高度的责任心,认真做好清洁、润滑、紧固、调整、防腐等工作,不得酒后作业,不得带病或疲劳作业,严格按照塔式起重机机械操作规定和塔式起重机"十不准、十不吊"进行操作,不得违章作业、野蛮操作,有权拒绝违章指挥,夜间作业要有足够的照明度。塔式起重机平时的安全使用关键在操作工的技术水平和责任心,检查维修关键在机械和电气维修工。我们要牢固树立以人为本的思想。

### (七)安全检查

塔式起重机在安装前后和日常使用中都要对它进行检查。金属结构焊缝不得开裂,金属结构不得发生塑性变形,连接螺栓、销轴质量符合要求,有止退、防松的措施,连接螺栓要定期安排人员预紧,钢丝绳润滑保养良好,断丝数不得超标,绝不允许断股,不得发生塑性变形,绳卡接头符合标准,减速箱和油缸不得漏油,液压系统压力正常,刹车制动和限位保险灵敏可靠,传动机构润滑良好,安全装置齐全可靠,电气控制线路绝缘良好。尤其要督促塔式起重机司机、维修电工和机械维修工要经常进行检查,要着重检查钢丝绳、吊钩、各传动件、限位保险装置等易损件,发现问题立即处理,做到定人、定时间、定措施,杜绝机械带病作业。

### (八)事故应急措施

**1. 塔式起重机基础下沉、倾斜**

(1)应立即停止作业,并将回转机构锁住,限制其转动。

(2)根据情况设置地锚,控制塔式起重机的倾斜。

**2. 塔式起重机平衡臂、起重臂折臂**

(1)塔式起重机不能做任何动作。

(2)按照抢险方案,根据实际情况采用焊接等手段,将塔式起重机结构加固,或用连接方法将塔式起重机结构与其他物体连接,防止塔式起重机倾翻和在拆除过程中发生意外。

(3)用2~3台适量吨位的起重机,一台锁起重臂,一台锁平衡臂。其中一台在拆臂时起平衡力矩的作用,防止因力的突然变化而造成倾翻。

(4)按抢险方案规定的顺序,将起重臂或平衡臂连接件中变形的连接件取下,用气焊割开,用超重机将臂杆取下。

(5)按正常的拆塔程序将塔式起重机拆除,遇变形结构用气焊割开。

**3. 塔式起重机倾翻**

(1)采取焊接连接方法,在不破坏失稳受力的前提下增加平衡力矩,控制险情发展。

(2)选用适量吨位的起重机按照抢险方案将塔式起重机拆除,变形部件用气焊割开或调整。

**4. 锚固系统险情**

(1)将塔式起重机平衡臂对应到建筑物,转臂过程要平稳并保持锁住的状态。

(2)将塔式起重机锚固系统加固。

(3)如需更换锚固系统部件,先将塔式起重机降至规定高度后,再行更换部件。

**5. 塔身结构变形、断裂、开焊**

(1)将塔式起重机平衡臂对应到变形部位,转臂过程要平稳并保持锁住的状态。

（2）根据实际情况采用焊接等手段,将塔式起重机结构变形或断裂、开焊部位加固。

（3）落塔更换损坏结构。

### （九）塔式起重机的保养工作

为确保安全经济地使用塔式起重机,延长其使用寿命,必须做好塔式起重机的保养、维修及润滑工作。

保持整机清洁,及时清扫;检查各减速器的油量,及时加油;注意检查各部位钢丝绳有无松动、断丝、磨损等现象,如超过有关规定必须及时更换;检查制动器的效能、间隙,必须保证可靠的灵敏度;检查各安全装置的灵敏可靠性;检查各螺栓连接处,尤其是塔身标准节连接螺栓,当每使用一段时间后,必须重新进行紧固;检查各钢丝绳头压板、卡子等是否松动,应及时紧固。

钢丝绳、卷筒、滑轮、吊钩等的报废,应严格按《塔式起重机安全规程》( GB 5144—2006 )和《起重机钢丝绳保养、维护、安装、检验和报废》(GB/T 5972—2016)的规定执行;检查各金属构件的杆件、腹杆及焊缝有无裂纹,特别应注意油漆剥落的地方和部位,尤以油漆呈45°的斜条纹剥离最危险,必须迅速查明原因并及时处理。

塔身各处(包括基础节与底架的连接)的连接螺栓螺母,各处连接直径大于 $\phi 20$ 的销轴等均为专用特制件,任何情况下,绝对不准代用,而塔身安装时每一个螺栓必须有两个螺母拧紧。

标准节螺栓性能等级为10.9级,螺母性能等级为10级(双螺母防松),螺栓头部顶面和螺母头部顶面必须有性能等级标志,否则一律不准使用。整机及金属机构每使用一个工程后,应进行除锈和喷刷油漆一次。

检查吊具的自动换倍率装置以及吊钩的防脱绳装置是否安全可靠。观察各电器触头是否氧化或烧损,若有接触不良应修复或更换。各限位开关和按钮不得失灵,零件若有生锈或损坏应及时更换。各电器开关与开关板等的绝缘必须良好,其绝缘电阻不应小于0.5 MΩ。检查各电器元件之紧固螺栓是否松动,电缆及其他导线是否破裂,若有应及时排除,

## （十）塔式起重机报废与年限

国家明令淘汰的机型要坚决禁止使用,年久失修的塔式起重机在鉴定修复后要限制荷载使用。实施的行业标准《建筑起重机械安全评估技术规程》(JGJ/T 189—2009)对于建筑起重机的安全管理具有里程碑式的重要意义。其将该类设备从"无限寿命管理"变为"有限寿命管理"。标准规定:63 tm 以下的塔式起重机出厂年限超出 10 年的,63～125 tm 塔式起重机超出 15 年的,125 tm 以上的塔式起重机超出 20 年的,必须经过(有资质单位)评估合格后方能继续使用或者是降级使用,评估不合格则报废处理,并且对各型塔式起重机和升降机分别规定了 1～3 年的评估合格后最长有效期限。

# 第三节　构件运输安全生产管理

## 一、运输车辆主要技术参数

运输车辆外形见图 8-1,主要技术参数见表 8-1。

**图 8-1　运输车外形**

表8-1 运输车主要技术参数

| 项目 | 参数 | |
|---|---|---|
| 质量参数 | 装载质量/kg | 31 000 |
| | 可整备质量/kg | 9 000 |
| | 最大总质量/kg | 400 000 |
| 尺寸参数 | 总长/mm | 12 980 |
| | 总宽/mm | 2 490 |
| | 总高/mm | 3 200 |
| | 前回转半径/mm | 1 350 |
| | 后间隙半径/mm | 2 300 |
| | 牵引销固定板离地高度/mm | 1 240 |
| | 轴距/mm | 8 440 + 1 310 + 1 310 |
| | 轮距/mm | 2 100 |
| | 承载面离地高度/mm | 860 |
| | 最小弯半径/mm | 12 400 |
| | 可装运预制构件高度/mm | 3 140 |

## 二、半挂车与牵引车的连接

应按以下步骤进行半挂车与牵引车的连接,避免出现不良情况。

为了使牵引销与牵引座顺利连接,应先用垫木将半挂车车轮挡住。操作支腿,使半挂车牵引销座板比牵引车的牵引座中心位置约低 10~30 mm。否则有时不仅不能连接,还会损坏牵引座、牵引销及有关零件。

拉开牵引车上牵引座的解锁拉杆,张开牵引锁止机构。向后倒牵引车,使半挂车牵引销经牵引座"V"形开口导入锁止机构开口并推动锁止块转动,锁紧牵引销(听见"咔哒"声,看见解锁拉杆退回)。

牵引车倒退时,牵引车与半挂车的中心线要力求一致,一般两中心线偏移限于40 mm以下,两中心线夹角满载时限于5°以内,空车时限于7°以内。

连接气路,将牵引车和半挂车的供气管路接头、控制管路接头各自对接(红红对接,黄黄对接),打开牵引车上的半挂车气路连接分离开关。连接电路,将牵引车的电线连接插头插入半挂车的电线连接插座上，同时将 ABS 连线接上。正确操作升降支腿使之缩回，然后拉下摇把并挂在挂钩上，搬开车轮下的垫木。

（1）起步前的检查。

检查牵引车与半挂车的轮胎气压是否为规定值。启动发动机，观察驾驶室内的气压表，直到气压上升到 0.6 MPa 以上。推入牵引车的手刹，可听到明显急促的放气声，看见制动气室推杆缩回，解除驻车制动。检查气路有无漏气，制动系统是否正常工作。检查电路各灯具是否正常工作，各电线接头是否结合良好。

（2）起步。

一切检查确定正常后，继续使制动系统气压（表压）上升到 0.7～0.8 MPa，然后按牵引车的操作要求平稳起步，并检查整车的制动效果以确保制动可靠。

（3）行驶。

经过上述操作后便可正常行驶，行驶时与一般汽车相同，但要注意以下几点。

1）防止长时间使用半挂车的制动系统，以避免因制动系统气压太低而使紧急制动阀自动制动车轮，出现刹车自动抱死情况。

2）长坡或急坡时，要防止制动鼓过热，应尽量使用牵引车发动机制动装置制动。

3）行驶时车速不得超过最高车速。

4）应注意道路上的限高标志，以避免与道路上的装置相撞。

5）由于预制板重心较高，转弯时必须严格控制车速，不得大于 10 km/h。

（4）分离半挂车。

应尽量选择在平坦坚实的地面上分离半挂车和牵引车。如地基较软或夏天在沥青路面上分离时，应在升降支腿底座下面垫一块厚木板，以防止因负重下沉而出现无法重新连接等情况。拉出牵引车的手刹，使制动器安全制动。关闭牵引车上的半挂车气路连接分离开关，然后从半挂车上卸下牵引车气接头。

从半挂车电线连接插座上拔下插头，同时将 ABS 连线拔下。操作升降支腿，使升降支腿底座着地，然后换低速挡，将半挂车抬起一些间隙，以便退出牵引车。拉出牵引座解锁拉杆，使锁止块张开。缓慢向前开出牵引车，使牵引销与牵引座脱离，以分离半挂车和牵引车。分离后检查半挂车各部分有无异常,拧开储气筒下部的放水阀排出筒内积水。

(5)装载预制件。

将车辆停于平整硬化地面上,检查车辆且车辆应处于驻车制动状态。用钥匙将液压单元开关打开。半挂车卸预制板前,操作液压压紧装置控制按钮盒中对应控制按键,将压紧装置全部松开收起,打开固定支架后门,采用行吊或随车吊等吊装工具,将吊装工具与预制件连接牢靠,将预制件直立吊起,起升高度要严格控制,预制件底端距车架承载面或地面小于100 mm。吊装行走时立面在前,操作人员站于预制件后端,两侧面与前面禁止站人。

为防止工件磕碰损伤,应轻轻地将预制件置于地面专用固定装置内,并固定牢靠。进行下一次操作。完毕后将后门关闭,将液压单元开关关闭并将钥匙取下。卸载鹅颈上方预制件时,在确保箱内货物固定牢靠的情况下打开栏板,打开栏板时人员不得站立于栏板正面,防止被滚落物体砸伤。卸载完成后将栏板关闭并锁止可靠。

## 三、装载预制件时的注意事项

(1)尽可能在坚硬平坦的道路上装载。

(2)装载位置尽量靠近半挂车中心,左右两边余留空隙基本一致。

(3)在确保渡板后端无人的情况下,放下和收起渡板。

(4)吊装工具与预制件连接必须牢靠,较大预制件必须直立吊起和存放。

(5)预制件起升高度要严格控制,预制件底端距车架承载面或地面小于100 mm。

(6)吊装行走时立面在前,操作人员站于预制件后端,两侧与前面禁止站人。

## 四、装卸

建筑产业化施工过程中,在工厂预先制作的混凝土构件,根据运输与堆放方案,应提前做好堆放场地、固定要求、堆放支垫及成品保护措施。对于大型构件的装卸应有专门的质量安全保证措施,所以有必要掌握构件装卸的操作安全要点。

**1. 卸车准备**

构件卸车前,应预先布置好临时码放场地,构件临时码放场地需要合理布置在吊装机械可覆盖范围内,避免二次吊装。管理人员分派装卸任务时,要向工人交代构件的名称、大小、形状、质量、使用吊具及安全注意事项。安全员应根据装卸作业特点对操作人员进行安全教育。装卸作业开始前,需要检查装卸地点和道路,清除障碍。

**2. 卸车**

装卸作业时,应按照规定的装卸顺序进行,确保车辆平衡,避免由于卸车顺序不合理导致车辆倾覆,且应采取保证车体平衡的措施。装卸过程中,构件移动时,操作人员要站在构件的侧面或后面,以防物体倾倒。参与装卸的操作人员要佩戴必要的安全劳保用品。

装卸时,汽车未停稳,不得抢上抢下。开关汽车栏板时,在确保附近无其他人员后,必须两人执行该操作。汽车未进入装卸地点时,不得打开汽车栏板,在打开汽车栏板后,严禁汽车再移动。

卸车时,要保证构件质量前后均衡,并采取有效的防止构件损坏的措施。卸车时,务必从上至下,依次卸货,不得在构件下部抽卸,以防车体或其他构件失衡。

**3. 堆放**

预制构件堆放场地应平整、坚实、无积水;卸车后,预埋吊件应朝上,标识应朝向堆垛间的通道;构件应根据制作、吊装平面规划位置,按类型、编号、吊装顺序、方向依次配套堆放;构件应按设计支承位置堆放平稳,底部应设置垫木。

对不规则的柱、梁、板应专门分析确定支承和加垫方法;构件支垫应坚实,垫块在构件下的位置宜与脱模吊装时的起吊位置一致;重叠堆放构件时,每层构件间的垫块应上下对齐,堆垛层数应根据构件、垫块的承载力确定;剪力墙、屋架、薄腹梁等重心较高的构件,应直立放置,除设支承垫木外,应于其两侧设置支承使其稳定,支承不得少于 2 道,并应根据需要采取防止堆垛倾覆的措施;柱、梁、楼板、楼梯应重叠堆放,重叠堆放的构件应采用垫木隔开,上、下垫木应在同一垂线上,其堆放高度应遵守以下规定:柱不宜超过 2 层,梁不宜超过 3 层,楼屋面预制板不宜超过 6 层,圆孔板不宜超过 8 层,堆垛间应留 2 m 宽的通道,堆放预应力构件时应根据构件起拱值的大小和堆放时间采取相应措施。

# 第四节 起重吊装安全措施

## 一、起重吊装安全专项方案的编制

装配整体式混凝土结构的起重吊装作业是一项技术性强、危险性大、需要多工种互相配合、互相协调、精心组织、统一指挥的特种作业,为了科学地施工,优质高效地完成吊装任务,根据《建筑施工组织设计规范》(GB/T 50502—2009)、《危险性较大的分部分项工程安全管理规定》(住建部令〔2018〕37 号),应编制起重吊装施工方案,保证起重吊装安全施工。

### (一)起重吊装专项施工方案的编制

起重吊装专项施工方案的编制一般包括准备、编写、审批 3 个阶段。

1. 准备阶段

由施工单位的专业技术人员收集与装配整体式混凝土结构起重作业有关的资料,确定施工方法和工艺,必要时还应召开专题会议对施工方法和工艺进行讨论。

2. 编写阶段

专项施工方案由施工单位组织专人或小组,根据确定的施工方法和工艺编制,编制人员应具有专业中级以上技术职称。

3. 审批阶段

专项施工方案应由施工单位技术部门组织本单位施工技术、安全、质量等部门的专业技术人员进行审核。经审核合格后,由施工单位技术负责人签字。实行总承包的,专项施工方案应当由总承包单位技术负责人及相关专业承包单位技术负责人签字。经施工单位审核合格后报监理单位,由项目总监理工程师审核签字。

## （二）起重吊装专项施工方案的内容

### 1. 编制说明及依据

编制说明包括被吊构件的工艺要求和作用，被吊构件的质量、重心、几何尺寸、施工要求、安装部位等。编制依据列出所依据的法律法规、规范性文件、技术标准、施工组织设计和起重吊装设备的使用说明等，采用电算软件的，应说明方案计算使用的软件名称、版本。

### 2. 工程概况

简单描述工程名称、位置、结构形式、层高、建筑面积、起重吊装位置、主要构件的质量及形状、进度要求等。主要说明施工平面布置、施工要求和技术保证条件。

### 3. 施工部署

描述包括施工进度计划、吊装任务的内容，根据吊装能力分析吊装时间与设备计划，根据工程量和劳动定额编制劳动力计划，包括专职安全员生产管理人员、特种作业人员（司机、信号指挥、司索工）等。

### 4. 施工工艺

详细描述运输设备、吊装设备选型理由、吊装设备性能、吊具的选择、验算预制构件强度、清查构件、查看运输线路、运输、堆放和拼装、吊装顺序、起重机械开行路线、起吊、就位、临时固定、校正、最后固定等。

### 5. 安全保证措施

根据现场实际情况分析吊装过程中应注意的问题，描述安全保障措施。

### 6. 应急措施

描述吊装过程中可能遇到的紧急情况和应采取的应对措施。

### 7. 计算书及相关图纸

主要包括起重机的型号选择验算、预制构件的吊装吊点位置和强度裂缝宽度验算、吊具的验算校正和临时固定的稳定验算、地基承载力的验算、吊装的平面布置图、开行路线图、预制构件卸载顺序图等。

## 二、吊具和吊点

提前设计好预制混凝土构件吊点，根据预留吊点选择相应的吊具。在起吊构件时，为了使构件稳定，不出现摇摆、倾斜、转动、翻倒等现象，就应该选择合适的吊具。无论采用几点吊装，都要始终使吊钩和吊具的连接点的垂线通过被吊构件的重心，它直接关系到吊装结果和操作安全。

吊具的选择必须保证被吊构件不变形、不损坏，起吊后不转动、不倾斜、不翻倒。吊具的选择应根据被吊构件的结构、形状、体积、质量、预留吊点以及吊装的要求，结合现场作业条件，确定合适的吊具。吊具选择必须保证吊索受力均匀。各承载吊索间的夹角一般不应大于60°，其合力作用点必须保证与被吊构件的重心在同一条铅垂线上，保证在吊运过程中吊钩与被吊构件的重心在同一条铅垂线上。在说明书中提供吊装图的构件，应按吊装图进行吊装。在异形构件装配时，可采用辅助吊点配合简易吊具调节物体所需位置的吊装法。当构件无设计吊钩（点）时，应通过计算确定绑扎的位置。绑扎的方法应保证可靠和摘钩简便安全。

## 三、吊装过程中的安全措施

### （一）吊装前的准备

根据《建筑施工起重吊装工程安全技术规范》（JGJ 276—2012），施工单位应对从事预制构件吊装作业及相关人员进行安全培训与交底，明确预制构件、吊装、就位各环节的作业风险，并制定防止危险情况的措施。安装作业开始前，应对安装作业区做出明显的标识，划定危险区域，拉警戒线将吊装作业区封闭，并派专人看管，加强安全警戒，严禁与安装作业无关的人员进入吊装危险区。

应定期对预制构件吊装作业所用的安装工器具进行检查，发现有可能存在的使用风险，应立即停止使用。吊机吊装区域内，非作业人员严禁进入。

### （二）吊装过程中安全注意事项

吊运预制构件时，构件下方严禁站人，应待预制构件降落至距地面1 m以内方准作业人员靠近,就位固定后方可脱钩。构件应采用垂直吊运,严禁采用斜拉、斜吊的方式,杜绝与其他物体的碰撞或钢丝绳被拉断的事故发生。在吊装回转、俯仰吊臂、起落吊钩等动作前,应鸣声示意。一次宜进行一个动作,待前一动作结束后,再进行下一动作。

吊起的构件不得长时间悬在空中,应采取措施将重物降落到安全位置。吊运过程应平稳,不应有大幅摆动,不应突然制动。回转未停稳前,不得做反向操作。采用抬吊时,应进行合理的负荷分配,构件质量不得超过两机额定起重量总和的75%,单机载荷不得超过额定起重量的80%。两机应协调起吊和就位,起吊的速度应平稳缓慢。双机抬吊是特殊的起重吊装作业,要慎重对待,关键是做到载荷的合理分配和双机动作的同步。因此,需要统一指挥。

吊车吊装时应观测吊装安全距离、吊车支腿处地基变化情况及吊具的受力情况。在风速达到12 m/s 及以上或遇到雨、雪、雾等恶劣天气时,应停止露天吊装作业。下列情况下,不得进行吊装作业。

(1)工地现场昏暗,无法看清场地、被吊构件和指挥信号时。

(2)超载或被吊构件质量不清,吊具、索具不符合规定时。

(3)吊装施工人员饮酒后。

(4)捆绑、吊挂不牢或不平衡,可能引起滑动时。

(5)被吊构件上有人或浮置物时。

(6)结构或零部件有影响安全工作的缺陷或损伤时。

(7)遇有拉力不清的埋置物件时。

(8)被吊构件棱角处与捆绑绳间未加衬垫时。

## (三)吊装后的安全措施

对吊装中未形成空间稳定体系的部分,应采取有效的临时固定措施。混凝土构件永久固定的连接,应经过严格检查,并确认构件稳定后,方可拆除临时固定措施。起重设备及其配合作业的相关机具设备在工作时,必须指定专人指挥。对混凝土构件进行移动、吊升、停止、安装时的全过程应用远程通信设备进行指挥,信号不明不得启动。重新作业前,应先试吊,并应确认各种安全装置灵敏可靠后进行作业。装配整体式混凝土结构在绑扎柱、墙钢筋时,应采用专用高凳作业,当高于围挡时,作业人员应佩戴穿芯自锁保险带。

### (四)预制构件的吊装

1. 柱的吊装

柱的起吊方法应符合施工组织设计规定。柱就位后,必须将柱底落实,初步校正垂直后,在较宽面的两侧用钢斜撑进行临时固定。对重型柱或细长柱以及多风或风大地区,在柱子上部应采取稳妥的临时固定措施,确认牢固可靠后,方可指挥脱钩。校正柱后,及时对连接部位注浆。混凝土强度达到设计强度的75%时,方可拆除斜撑。

2. 梁的吊装

梁的吊装应在柱永久固定安装后进行。吊车梁的吊装,应采用支承撑牢或用8号铁丝将梁捆于稳定的构件上后,方可摘钩。吊车梁的校正应在梁吊装完,或也可在屋面构件校正并最后固定后进行。校正完毕后,应立即焊接或机械连接固定。

3. 板的吊装

吊装预制板时,宜从中间开始向两端进行,并应按先横墙后纵墙,先内墙后外墙,最后隔断墙的顺序逐间封闭吊装。预制板宜随吊随校正。就位后偏差过大时,应将预制板重新吊起就位。就位后应及时在预制板下方用独立钢支承或钢管脚手架顶紧,及时绑扎上皮钢筋及各种配管,浇筑混凝土形成叠合板(装配整体式楼板)体系。

外墙板应在焊接固定后方可脱钩,内墙和隔墙板可在临时固定可靠后脱钩。校正完后,应立即焊接预埋筋,待同一层墙板吊装和校正完后,应随即浇筑墙板之间立缝做最后固定。梁混凝土强度必须达到75%以上,方可吊装楼层板。

外墙板的运输和吊装不得用钢丝绳兜吊,并严禁用铁丝捆扎。挂板吊装就位后,应与主体结构(如柱、梁或墙等)临时或永久固定后方可脱钩。

4. 楼梯吊装

楼梯安装前应支楼梯支撑,且保证牢固可靠,楼梯吊运时,应保证吊运路线内不得站人,楼梯就位时操作人员应在楼梯两侧,楼梯对接永久固定以后,方可拆除楼梯支撑。

## 四、高处作业安全注意事项

(1)根据《建筑施工高处作业安全技术规范》(JGJ 80—2016)的规定,预制构件吊装前,吊装作业人员应穿防滑鞋,戴安全帽。预制构件吊装过程中涉及的高空作业的各项安全检查不合格时,严禁高空作业。使用的工具和零配件等,应采取防滑落措施,严禁上下抛掷。构件起吊后,构件和起重臂下面,严禁站人。构件应匀速起吊,平稳后方可钩住,然后使用辅助性工具安装。

(2)安装过程中的攀登作业需要使用梯子时,梯脚底部应坚实,不得垫高使用,折梯使用时上部夹角以 35°~45° 为宜,且应设有可靠的拉撑装置,梯子的制作质量和材质应符合规范要求。安装过程中的悬空作业处应设置防护栏杆或其他可靠的安全措施,悬空作业所使用的索具、吊具、料具等设备应为经过技术鉴定或验证、验收的合格产品。

(3)梁、板吊装前,应在梁、板上提前将安全立杆和安全维护绳安装到位,为吊装时工人佩戴的安全带提供连接点。吊装预制构件时,下方严禁人员站立或行走。在预制构件的连接、焊接、灌缝、灌浆时,离地 2 m 以上的框架、过梁、雨篷和小平台,应设操作平台,不得直接站在模板或支撑件上操作。安装梁和板时,应设置临时支撑架,临时支撑架调整时,需要两人同时进行,防止构件倾覆。

(4)安装楼梯时,作业人员应在构件一侧,并应佩挂安全带,且严格遵守"高挂低用"的原则。

(5)外围防护一般采用外挂架,架体高度要高于作业面,作业层脚手板要铺设严密。架体外侧应使用密目式安全网进行封闭,安全网的材质应符合规范要求,现场使用的安全网必须是符合国家标准的合格产品。

(6)在建工程的预留洞口、楼梯口、电梯井口应有防护措施,防护设施应铺设严密,符合规范要求。防护设施应达到定型化、工具化,电梯井内应每隔两层(不大于10 m)设置一道安全平网。

(7)通道口防护应严密、牢固,防护棚两侧应设置防护措施,防护棚宽度应大于通道口宽度,长度应符合规范要求。建筑物高度超过30 m时,通道口防护顶棚应采用双层防护,防护棚的材质应符合规范要求。

(8)存放辅助性工具或者零配件需要搭设物料平台时,应有相应的设计计算,并按设计要求进行搭设。支撑系统必须与建筑结构进行可靠连接,材质应符合规范及设计要求,并应在平台上设置荷载限定标牌。

(9)预制梁、楼板及叠合受弯构件的安装需要搭设临时支撑时,所需钢管等需要悬挑式钢平台来存放,悬挑式钢平台应有相应的设计计算,并按设计要求进行搭设。搁置点与上部拉结点,必须位于建筑结构上,斜拉杆或钢丝绳应按要求两边各设置前后两道,钢平台两侧必须安装固定的防护栏杆,并应在平台上设置荷载限定标牌,钢平台台面、钢平台与建筑结构间铺板应严密、牢固。

(10)安装管道时必须已有完结构或操作平台作为立足点,严禁在安装中的管道上站立和行走。移动式操作平台的面积不应超过10 m²,高度不应超过5 m,移动式操作平台的轮子与平台连接应牢固、可靠,立柱底端距地面高度不得大于80 mm,操作平台应按规范要求进行组装,铺板应严密,操作平台四周应按规范要求设置防护栏杆,并设置登高扶梯,操作平台的材质应符合规范要求。

(11)安装门、窗,油漆及安装玻璃时,严禁操作人员站在樘子、阳台栏板上操作。门、窗临时固定,封填材料未达到强度,以及电焊时,严禁手拉门、窗进行攀登。在高处外墙安装门、窗,无外脚手时,应张挂安全网。无安全网时,操作人员应系好安全带,其保险钩应挂在操作人员上方的可靠物件上。进行各项窗口作业时,操作人员的重心应位于室内,不得在窗台上站立,必要时应系好安全带进行操作。

# 第五节　模板支撑架与防护架

## 一、支撑架

支撑架包括内支撑架、独立支撑、剪力墙临时支撑。装配式结构中预制柱、预制剪力墙、临时固定一般用斜钢支撑;叠合楼板、阳台等水平构件一般用独立钢支撑或钢管脚手架支撑。

### （一）内支撑架

（1）装配整体式混凝土结构的模板与支撑应根据施工过程中的各种工况进行设计,应具有足够的承载力和刚度,并应保证其整体稳固性,见图8-2。

**图8-2　装配式建筑内支撑体系**

（2）模板与支撑安装应保证工程结构构件各部分的形状、尺寸和位置的准确,模板安装应牢固、严密、不漏浆,且应便于钢筋敷设和混凝土浇筑、养护。

### （二）独立支撑

（1）叠合楼板施工应符合下列规定。

1）叠合楼板在预制底板安装时,可采用钢支柱及配套支撑,钢支柱及配套支撑应进行设计计算。

2）宜选用可调整标高的定型独立钢支柱作为支撑，钢支柱的顶面标高应符合设计要求。

3）应准确控制预制底板搁置面的标高。

4）浇筑叠合层（装配整体式层）混凝土时，预制底板上部应避免集中堆载。

叠合楼板施工见图 8-3。

图 8-3　叠合楼板施工

（2）叠合梁施工应符合下列规定。

1）预制梁下部的竖向支撑可采用钢支撑，支撑位置与间距应根据施工验算确定。

2）预制梁竖向支撑宜选用可调标高的定型独立钢支撑。

3）预制梁的搁置长度及搁置面的标高应符合设计要求。

4）叠合梁下部支撑设置应综合考虑构件施工过程中的各工况确认与验算。

5）预制梁柱节点区域后浇筑混凝土部分采用定型模板支模时，宜采用螺栓与预制构件可靠连接固定，模板与预制构件之间应采取可靠的密封防漏浆措施。叠合梁施工见图 8-4。

**图8-4 叠合梁施工**

## （三）预制柱、预制剪力墙临时支撑

（1）安装预制墙板、预制柱等竖向构件时，应采用可调斜支撑临时固定，见图8-5；斜支撑的位置应避免与模板支架、相邻支撑冲突。

**图8-5 可调斜和竖向支撑**

（2）夹心保温外剪力墙板竖缝采用后浇混凝土连接时，宜采用工具式定型模板支撑，并应符合下列规定。

1）定型模板应通过螺栓或预留孔洞拉结的方式与预制构件可靠连接。

2）定型模板安装应避免遮挡预制墙板下部灌浆预留孔洞。

3）夹芯墙板的外叶板应采用螺栓拉结或夹板等加强固定。

4）墙板接缝部位及与定型模板连接处均应采取可靠的密封防漏浆措施。

（3）采用预制保温板作为免拆除外墙模板进行支模时，预制外墙模板的尺寸参数及与相邻外墙板之间的拼缝宽度应符合设计要求。安装时与内侧模板或相邻构件应连接牢固并采取可靠的密封防漏浆措施。

采用预制外墙模板时，应符合建筑与结构设计的要求，以保证预制外墙板符合外墙装饰要求并在使用过程中结构安全可靠。预制外墙模板与相邻预制构件安装定位后，为防止筑混凝土时漏浆，需要采取有效的密封措施。

## 二、外防护架

装配整体式混凝土结构外防护架为新兴配套产品，充分体现了节能、降耗、环保、灵活等特点，目前常用的外墙防护架为悬挂在外剪力墙上的，主要解决房建结构平立面防护以及立面垂直方向简单的操作问题。装配整体式混凝土结构在施工过程中所需要的外防护架与现浇结构的外墙脚手架相比，架体灵巧、拆分简便、整体拼装牢固，可根据现场实际情况灵活操作，可多次重复使用。外防护架见图8-6。

图 8-6 外防护脚手架

## （一）外防护架构造

外防护架通常采用角钢焊接架体，三角形架体采用槽钢，设置的钢管防护采用普通钢管，扣件采用普通直角扣件。还需准备脚手板、钢丝网等一般脚手架所用的材料。

脚手架操作平台设置：在相邻每榀三脚架间采用角钢焊接成骨架，骨架之间采用每隔一定距离，设置钢筋与角钢焊接架体。

外防护架防护采用钢管进行围护：在临边处搭设高度为 1.2 m 的钢管防护，立杆设置间距不大于 1.8 m，水平杆设置三道，并悬挂安全防护网；立杆与外防护架体采用焊接的方式进行连接。在离操作平台 0.2 m 的范围内设置挡脚板，见图8-7。

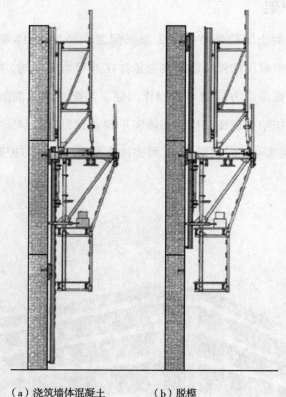

（a）浇筑墙体混凝土　　　　（b）脱模

**图8-7　外防护架结构示意图**

## （二）外防护架施工安全操作工序

外防护架施工安全操作工序要求有以下几点。

（1）预制墙板预留孔清理：在搭设外防护架前先对照图纸对墙体预制构件的预

留孔洞进行清理,保证其通畅、位置正确;检查无误后方可进行外防护架搭设。

(2)外防护架与主体结构连接:三角挂架靠墙处采用螺母与预制墙体进行连接,三角挂架靠墙处下部则直接支顶在结构外墙上。安装时应首先将外防护架用螺母与预制墙体进行连接,使用钢板垫片与螺帽进行连接并拧紧。

(3)操作平台安装:铺设多层木制板,用 12 号铁镀锌钢丝与钢筋骨架绑扎牢固。与墙之间不应有缝隙。脚手板应对接铺设,对接接头处设置钢筋骨架加强,两步架体水平间距不大于 5 cm。两步架体外防护处应用钢管进行封闭。

(4)挂架分组安装完毕后,应检查每个挂架连接件是否锁紧,检查组与组相交处连接钢管是否交叉,确认无误后方可进行下步施工。操作人员在安拆过程中,安全带要挂在上部固定点处。

### (三)外防护架提升

操作人员在穿钢绳挂钩的过程中需要系好安全带,在提升过程中外防护架上严禁站人。外架提升时应在地上组装好外架(按图纸长度组装好),检查外架是否与图纸有偏差,吊点和外架焊接是否牢固。如发现有问题及时处理,处理好后再进行提升外架作业。挂架提升时,外墙上预留洞口必须先清理完毕。必须先挂好吊钩,然后提升架体,提升时设一道“安全绳”,确保操作人员安全。当架体吊到相应外墙预留穿墙孔洞时,应等停稳后,再用穿墙螺杆拧紧并摘取挂钩钢绳。坠落范围内应设警戒区专人看护。应严格控制各组挂架的同步性,不能同步时必须在外防护架楼层设置防护栏杆或挂钢丝密目网进行封闭。外防护架提升前必须进行安全交底。

## 三、模板与支撑拆除

### (一)模板拆除

(1)模板拆除时,可采取先拆非承重模板、后拆承重模板的顺序。水平结构模板应由跨中向两端拆除,竖向结构模板应自上而下进行拆除。

(2)多个楼层间连续支模的底层支架拆除时间,应根据连续支模的楼层间荷载分配和后浇混凝土强度的增长情况确定。

（3）当后浇混凝土强度能保证构件表面及棱角不受损伤时，方可拆除侧模模板。

## （二）支撑拆除

叠合构件的后浇混凝土同条件立方体抗压强度达到设计要求时，方可拆除龙骨及下一层支撑；当设计无具体要求时，同条件养护的后浇混凝土立方体试件抗压强度应符合以下规定。

（1）预制墙板斜支撑和限位装置应在连接节点和连接接缝部位的后浇混凝土或灌浆料强度达到设计要求后拆除；当设计无具体要求时，后浇混凝土或灌浆料应达到设计强度的75%以上方可拆除。

（2）预制柱斜支撑应在预制柱与连接节点部位的后浇混凝土或灌浆料强度达到设计要求且上部构件吊装完成后进行拆除。

（3）拆除的模板和支撑应分散堆放并及时清运。应采取措施避免施工集中堆载。

# 第六节　绿　色　施　工

## 一、绿色施工概述

### （一）绿色施工简介

绿色施工是指工程建设中，在保证质量、安全等基本要求的前提下，通过科学管理和技术进步，最大限度地节约资源与减少对环境负面影响的施工活动，实现"四节一环保"（即节能、节地、节水、节材和环境保护）。

### （二）绿色施工提出的背景

绿色施工是可持续发展思想在工程施工中的应用体现，是绿色施工技术的综合应用。绿色施工技术并不是独立于传统施工技术的全新技术,而是用"可持续"的眼光对传统施工技术的重新审视,是符合可持续发展战略的施工技术。

### (三)绿色施工的现状

绿色施工并不是很新的思维途径,承包商以及建设单位为了满足政府及大众对文明施工、环境保护及减少噪声的要求,为了提高企业自身形象,一般均会采取一定的技术来降低施工噪声、减少施工扰民、减少环境污染等,尤其在政府要求严格、大众环保意识较强的城市进行施工时,这些措施一般会比较有效。但是,大多数承包商在采取这些绿色施工技术时是比较被动、消极的,对绿色施工的理解也是比较单一的,还不能够积极主动地运用适当的技术、科学的管理方法以系统的思维模式、规范的操作方式从事绿色施工。

事实上,绿色施工并不仅仅是指在工程施工中实施封闭施工,没有尘土飞扬,没有噪声扰民,在工地四周栽花、种草,实施定时洒水等这些内容,还包括了其他大量的内容。它同绿色设计一样,涉及可持续发展的各个方面,如生态与环境保护、资源与能源利用、社会与经济发展等。真正的绿色施工应当是将"绿色方式"作为一个整体运用到施工中去,将整个施工过程作为一个微观系统进行科学的绿色施工组织设计。

绿色施工技术除了文明施工、封闭施工、减少噪声扰民、减少环境污染、清洁运输等外,还包括减少场地干扰、尊重基地环境,结合气候施工,节约水、电、材料等资源或能源,环保健康的施工工艺,减少填埋废弃物的数量,以及实施科学管理、保证施工质量等。

大多数承包商注重按承包合同、施工图纸、技术要求、项目计划及项目预算完成项目的各项目标,没有运用现有的成熟技术和高新技术充分考虑施工的可持续发展,绿色施工技术并未随着新技术、新管理方法的运用而得到充分的应用。施工企业更没有把绿色施工能力作为企业的竞争力,未能充分运用科学的管理方法采取切实可行的行动做到节能、节地、节水、节材和环境保护。

## 二、绿色施工的内容

### （一）减少场地干扰，尊重基地环境

工程施工过程会严重扰乱场地环境，对于未开发区域的新建项目更是如此。场地平整、土方开挖、施工降水、永久及临时设施建造、场地废物处理等均会对场地上现存的动植物资源、地形地貌、地下水位等造成影响；还会对场地内现存的文物、地方特色资源等带来破坏，影响当地文脉的继承和发扬。因此，施工中减少场地干扰、尊重基地环境对于保护生态环境、维持地方文脉具有重要的意义。

业主、设计单位和承包商应当识别场地内现有的自然、文化和构筑物特征，并通过合理的设计、施工和管理工作将这些特征保存下来。可持续的场地设计对于减少这种干扰具有重要的作用。就工程施工而言，承包商应结合业主、设计单位对承包商使用场地的要求，制定满足这些要求的、能尽量减少场地干扰的场地使用计划。计划中应明确以下内容。

（1）场地内哪些区域将被保护、哪些植物将被保护，并明确保护的方法。

（2）怎样在满足施工、设计和经济方面要求的前提下，尽量减少清理和扰动的区域面积，尽量减少临时设施、减少施工用管线。

（3）场地内哪些区域将被用作仓储和临时设施建设，如何合理安排承包商、分包商及各工种对施工场地的使用，减少材料和设备的搬动。

（4）各工种为了运送、安装和其他目的对场地通道的要求。

（5）废物将如何处理和消除，如有废物回填或填埋，应分析其对场地生态、环境的影响。

（6）怎样将场地与公众隔离。

### （二）结合气候施工

承包商在选择施工方法、施工机械，安排施工顺序，布置施工场地时应结合气候特征。这可以减少因为气候原因而带来的施工措施的增加，资源和能源用量的增加，有效地降低施工成本；可以减少因为额外措施对施工现场及环境的干扰；有利于

施工现场环境质量品质的改善和工程质量的提高。

承包商要做到结合气候施工,首先要了解现场所在地区的气象资料及特征。主要包括降雨、降雪资料,如:全年降雨量、降雪量、雨季起止日期、一日最大降雨量等;气温资料,如年平均气温、最高及最低气温、持续时间等;风的资料,如风速、风向、风的频率等。

结合气候施工的主要体现有以下几点。

(1)承包商应尽可能合理地安排施工顺序,使会受到不利气候影响的施工工序能够在不利气候来临前完成。如在雨季来临之前,完成土方工程、基础工程的施工,以减少地下水位上升对施工的影响,减少其他需要额外增加的雨期施工保证措施。

(2)安排好全场性排水、防洪,减少对现场及周边环境的影响。

(3)施工场地布置应结合气候,符合劳动保护、安全、防火的要求。产生有害气体和污染环境的加工场(如沥青熬制、石灰熟化)及易燃的设施(如木工棚、易燃物品仓库)应布置在下风向,且不危害当地居民;起重设施的布置应考虑风、雷电的影响。

(4)在冬期、雨期、风期、夏期施工中,应针对工程特点,尤其是对混凝土工程、土方工程、深基础工程、水下工程、高空作业等,选择合适的季节性施工方法或有效措施。

### (三)节约资源(能源)

建设项目通常要使用大量的材料、能源和水资源。减少资源的消耗,节约能源,提高效益,保护水资源是可持续发展的基本观点。施工中资源(能源)的节约主要有以下几方面内容。

(1)水资源的节约利用。通过监测水资源的使用,安装小流量的设备和器具,在可能的场所重新利用雨水或施工废水等措施减少施工期间的用水量,降低用水费用。

(2)节约电能。通过监测利用率,安装节能灯具和设备,利用声、光传感器控制照明灯具,采用节电型施工机械,合理安排施工时间等措施减少用电量,节约电能。

(3)减少材料的损耗。通过更仔细地采购,合理的现场保管,减少材料的搬运次数,减少包装,完善操作工艺,增加摊销材料的周转次数等措施降低材料在使用中的消耗,提高材料的使用效率。

(4)可回收资源的利用。可回收资源的利用是节约资源的主要手段,也是当前应加强的方向。主要体现在两个方面:一是使用可再生的或含有可再生成分的产品和材料,这有助于将可回收部分从废弃物中分离出来,同时减少了原始材料的使用,即减少了自然资源的消耗;二是加大资源和材料的回收利用、循环利用,如在施工现场建立废物回收系统,再回收或重复利用拆除时得到的材料,这样可以减少施工中材料的消耗量或通过销售来增加企业的收入,也可以降低企业运输或填埋垃圾的费用。

(5)节约土地。合理布置施工场地,减少加工场地和预制构件堆放场地是节约土地的主要措施。

### (四)减少环境污染,提高环境品质

工程施工中产生的大量扬尘、噪声、有毒有害气体、建筑垃圾以及水污染和光污染等会对环境品质造成严重的影响,也将有损于现场工作人员、使用者以及公众的健康。因此减少环境污染,提高环境品质也是绿色施工的基本原则。提高与施工有关的室内外空气品质是该原则最主要的内容。施工过程中,扰动建筑材料和系统所产生的扬尘,从材料、产品、施工设备或施工过程中散发出来的挥发性有机化合物或微粒均会引起室内外空气的品质问题。这些挥发性有机化合物或微粒会对健康构成潜在的威胁和损害,需要特殊的安全防护。这些威胁和损伤有些是长期的,甚至是致命的。而且在建造过程中,这些空气污染物也可能会渗入邻近的建筑物,并在施工结束后继续留在建筑物内。这种影响尤其对那些需要在房屋使用者在场的情况下进行施工的改建项目更需引起重视。常用的提高施工场地空气品质的绿色施工技术措施有以下内容。

(1)制定有关室内外空气品质的施工管理计划。

(2)使用低挥发性的材料或产品。

(3)安装局部临时排风或局部净化和过滤设备。

(4)进行必要的绿化,经常洒水清扫,防止建筑垃圾堆积在建筑物内,贮存好可

能造成污染的材料。

（5）采用更安全、健康的建筑机械或生产方式，如用商品混凝土代替现场混凝土搅拌，可大幅度地消除粉尘污染。

（6）合理安排施工顺序，尽量减少一些建筑材料，如地毯、顶棚饰面等，对污染物的吸收。

（7）对于施工时仍在使用的建筑物而言，应将有毒的工作安排在非工作时间进行，并与通风措施相结合，在进行有毒工作时以及工作完成以后，用室外新鲜空气对现场通风。

（8）对于施工时仍在使用的建筑物而言，将施工区域保持负压或升高使用区域的气压会有助于防止空气污染物污染使用区域。

对于噪声的控制也是防止环境污染，提高环境品质的一个方面。当前中国已经出台了一些相应的规定对施工噪声进行限制。绿色施工也强调对施工噪声的控制，以防止施工扰民。合理安排施工时间，实施封闭式施工，采用现代化的隔离防护设备，采用低噪声、低振动的建筑机械，如无声振捣设备等，是控制施工噪声的有效手段。

## （五）实施科学管理，保证施工质量

实施绿色施工，必须要实施科学管理，提高企业管理水平，使企业从被动地适应转变为主动地响应，使企业实施绿色施工制度化、规范化。这将充分发挥绿色施工对促进可持续发展的作用，增加绿色施工的经济性效果，增加承包商采用绿色施工的积极性。企业通过 ISO14001 认证是提高企业管理水平、实施科学管理的有效途径。

实施绿色施工，应尽可能减少场地干扰，提高资源和材料利用效率，增加材料的回收利用等，但采用这些手段的前提是要确保工程质量。好的工程质量，可延长项目寿命，降低项目日常运行费用，利于使用者的健康和安全，促进社会经济发展，本身就是可持续发展的体现。

### 三、安全文明施工

（1）在临时设施建设方面，现场搭建活动房屋之前应按规划部门的要求办理相关手续。建设单位和施工单位应选用高效保温隔热、可拆卸循环使用的材料搭建施工现场的临时设施，并取得产品合格证后方可投入使用。工程竣工后一个月内，选择有合法资质的拆除公司将临时设施拆除。

（2）在限制施工降水方面，建设单位或者施工单位应当采取相应方法，隔断地下水进入施工区域。因地下结构、地层及地下水、施工条件和技术等原因，使得采用基坑封闭降水很难实施，或者虽能实施，但增加的工程投资明显不合理的，施工降水方案经过专家评审并通过后，可以采用压力回灌技术等方法进行施工降水。

（3）在控制施工扬尘方面，工程土方开挖前施工单位应按要求，做好洗车池和冲洗设施、建筑垃圾和生活垃圾分类密闭存放装置、沙土覆盖、工地路面硬化和生活区绿化美化等工作。

（4）在渣土绿色运输方面，施工单位应按照要求，选用已办理"散装货物运输车辆准运证"的车辆，持"渣土运输许可证"从事渣土运输作业。

（5）在降低声、光污染方面，建设单位、施工单位在签订合同时，应注意施工工期安排及已签合同施工延长工期的调整，应尽量避免夜间施工。因特殊原因确需夜间施工的，必须到工程所在地区县建委办理夜间施工许可证，施工时要采取封闭措施降低施工噪声并尽可能减少强光对居民生活的干扰。

# 第九章

# 技术资料与工程验收

# 第一节  装配整体式混凝土结构施工验收划分

装配整体式混凝土结构施工验收与传统建筑施工验收的大致程序是一致的,仍按照混凝土结构子分部工程进行验收,其中的装配式结构部分作为装配式结构分项工程进行验收。但是由于装配整体式混凝土结构采用的施工工艺与传统建筑不同,尤其是采用了大量的部品及预制构件,这就导致了装配整体式混凝土结构在施工中会产生一系列具有装配式特点的资料。在本章中将会重点介绍装配整体式混凝土结构与传统建筑相区别的验收内容与相关技术资料。

装配整体式混凝土结构施工质量验收依据国家规范划分为单位(子单位)工程、分部(子分部)工程、分项工程和检验批来进行,装配整体式混凝土结构有关预制构件的相关工序可作为装配式结构分项工程进行资料整理。按照国家和地方规范、规程对于工程技术资料的整理原则,预制构件的技术资料当以体现整个生产过程中所使用的材料以及不同材料组合半成品、成品的质量过程可追溯为原则。其中涉及装配整体式混凝土结构工程特点与目前规范要求不一致之处,当以各地区相关规定为准。

装配整体式混凝土结构施工质量验收合格标准叙述如下。

(1)检验批质量验收合格应符合下列规定。

1)主控项目的质量经抽样检验均应合格。

2)一般项目的质量经抽样检验合格。当采用计数抽样时,合格点率应符合有关专业验收规范的规定,且不得存在严重缺陷。

3)具有完整的施工操作依据、质量验收记录。

(2)分项工程质量验收应符合《建筑工程施工质量验收统一标准》(GB 50300—2013)的规定,分项工程的质量验收应按该规定附录 E 的格式记录。

(3)分部(子分部)工程质量验收合格应符合下列规定。

1)子分部工程所含分项工程的质量均应验收合格。

2)质量控制资料均应完整。

3)有关安全及功能的检验和抽样检测结果应符合有关规定。

4)观感质量验收应符合要求。

(4)单位(子单位)工程质量验收合格应符合下列规定。

1)单位(子单位)工程所含分部(子分部)工程的质量均应验收合格。

2)质量控制资料应完整。

3)单位(子单位)工程所含分部工程有关安全和功能的检测资料应完整。

4）主要功能项目的抽查结果应符合相关专业质量验收规范的规定。

5）观感质量验收应符合要求。

# 第二节 预制构件进场检验和安装验收

预制构件生产企业应配备满足工作需求的质检员，质检员应具备相应的工作能力和建设主管部门颁发的上岗资格证书。预制构件在工厂制作过程中应进行生产过程质量检查、抽样检验和构件质量验收，并按相关规范的要求做好检查验收记录。以混凝土结构子分部工程为例，所需进行的质量验收记录明细见表9-1。

表9-1 质量验收记录明细表

| 序号 | 子分部工程 | 分项工程 | 检验批名称 |
|---|---|---|---|
| 1 | 混凝土结构 | 模板(01) | 模板安装检验批质量验收记录 |
| 2 | | | 模板拆除检验批质量验收记录 |
| 3 | | 钢筋(02) | 钢筋原材料检验批质量验收记录 |
| 4 | | | 钢筋加工检验批质量验收记录 |
| 5 | | | 钢筋连接检验批质量验收记录 |
| 6 | | | 钢筋安装检验批质量验收记录 |
| 7 | | 混凝土(03) | 混凝土原材料检验批质量验收记录 |
| 8 | | | 混凝土配合比检验批质量验收记录 |
| 9 | | | 混凝土施工检验批质量验收记录 |
| 10 | | 预应力(04) | 预应力原材料检验批质量验收记录 |
| 11 | | | 预应力制作与安装检验批质量验收记录 |
| 12 | | | 预应力张拉与放张检验批质量验收记录 |
| 13 | | | 预应力灌浆与封锚检验批质量验收记录 |
| 14 | | 现浇混凝土(05) | 现浇结构外观及尺寸偏差检验批质量验收记录 |
| 15 | | | 混凝土设计基础外观及尺寸偏差检验批质量验收记录 |
| 16 | | 装配式结构(06) | 装配式结构预制构件检验批质量验收记录 |
| 17 | | | 装配式结构预制构件安装检验批质量验收记录 |
| 18 | | | 装配式结构预制构件拼缝防水节点检验批质量验收记录 |

装配整体式混凝土结构工程施工质量验收应划分为单位（子单位）工程、分部（子分部）工程、分项工程和检验批进行验收。预制构件进场,使用方应进行进场检验,验收合格并经监理工程师批准后方可使用。在预制构件安装过程中,要对安装质量进行检查。本节将主要介绍预制构件进场检验及安装过程验收。

## 一、预制构件进场检验

（1）预制构件应在明显部位标明生产单位、构件型号、生产日期和质量验收标志。构件上的预埋件、插筋和预留孔洞的规格、位置和数量应符合标准图或设计的要求。

检查数量:全数检查。

检验方法:观察,检查质量证明文件或质量验收记录。

（2）混凝土预制构件专业企业生产的预制构件进场时,预制构件结构性能检验应符合下列规定。

1）梁板类简支受弯预制构件进场时应进行结构性能检验。

2）对其他预制构件,除设计有专门要求外,进场时可不做结构性能检验。

3）对进场时不做结构性能检验的预制构件,应采取下列措施。

施工单位（或者监理单位）代表应驻厂监督制作过程;当无驻厂监督时,预制构件进场时应对预制构件主要受力钢筋数量、规格、间距及混凝土强度等进行实体检验。

检查数量:每批进场不超过 1 000 个同类型预制构件为一批,在每批中应随机抽取一个构件进行检验。

检验方法:检查结构性能检验报告或实体检验报告。

注:"同类型"是指同一钢种、同一混凝土强度等级、同一生产工艺和同一结构形式。抽取预制构件时,宜从设计荷载最大、受力最不利或生产数量最多的预制构件中抽取。

（3）预制构件的外观质量不应有严重缺陷,对已经出现的严重缺陷,应按技术处理方案进行处理,并重新检查验收。

检查数量:全数检查。

检验方法：观察,检查技术处理方案和记录。

（4）预制构件不应有影响结构性能、安装和使用功能的尺寸偏差。对超过尺寸允许偏差且影响结构性能、安装和使用功能的部位,应按技术处理方案进行处理,并重新检查验收。

检查数量：全数检查。

检验方法：量测,检查技术处理方案和记录。

（5）预制构件的外观质量不宜有一般缺陷。对已经出现的一般缺陷,应按技术处理方案进行处理,并重新检查验收。

检查数量：全数检查。

检查方法：观察,检查技术处理方案和记录。

（6）预制构件的尺寸偏差应符合规范的规定。

检查数量：同一类型的构件,不超过 100 件为一批,每批应抽查 5% 且不少于 3 件。装配式结构预制构件检验批质量验收记录表见表 9-2。

## 二、预制构件安装检验批

### （一）预制梁、柱构件安装检验批

（1）预制构件安装的临时固定及支撑措施应有效可靠,符合设计及相关技术标准要求。

检查数量：全数检查。

检查方法：观察检查。

（2）预制构件与预制构件、预制构件与主体结构之间的连接应符合设计要求。采用螺栓连接时应符合《钢结构工程施工质量验收标准》（GB 50205—2020）及《混凝土用膨胀型、扩孔型建筑锚栓》（JG 160—2004）的要求。

检查数量：全数检查。

检查方法：观察检查。

表9-2　装配式结构预制构件检验批质量验收记录表

| 工程名称 | | | | 检验批部位 | | | 检验批量 | | | |
|---|---|---|---|---|---|---|---|---|---|---|
| 施工单位 | | | | 项目经理 | | | 技术负责 | | | |
| 执行标准 | | | | | | | 施工单位检查评定记录 | | 监理(建设)单位验收记录 | |
| 主控项目 | 1 | 构件标志和预埋件等 | | 第9.2.1条 | | | | | | |
| | 2 | 外观质量严重缺陷处理 | | 第9.2.2条 | | | | | | |
| | 3 | 过大尺寸偏差处理 | | 第9.2.3条 | | | | | | |
| 一般项目 | 1 | 外观质量一般缺陷处理 | | 第9.2.4条 | | | | | | |
| | 2 | 长度 | 板、梁 | +10, −5 mm | | | | | | |
| | | | 柱 | +5, −10 mm | | | | | | |
| | | | 墙板 | ±5 mm | | | | | | |
| | | | 薄腹梁、桁架 | +15, −10 mm | | | | | | |
| | 3 | 宽度、高(厚)度 | 板、梁、柱、墙板、薄腹梁、桁架 | ±5 mm | | | | | | |
| | 4 | 侧向弯曲 | 梁、柱、板 | $L/750$ 且≤20 mm | | | | | | |
| | | | 墙板、薄腹梁、桁架 | $L/1\,000$ 且≤20 mm | | | | | | |
| | 5 | 预埋件 | 中心线位置 | 10 mm | | | | | | |
| | | | 螺栓位置 | 5 mm | | | | | | |
| | | | 螺栓外露长度 | +10, −5 mm | | | | | | |
| | 6 | 预留孔 | 中心线位置 | 5 mm | | | | | | |
| | 7 | 预留洞 | 中心线位置 | 15 mm | | | | | | |
| | 8 | 主筋保护层厚度 | 板 | +5, −3 mm | | | | | | |
| | | | 梁、柱、墙板、薄腹梁、桁架 | +10, −5 mm | | | | | | |
| | 9 | 对角线差 | 板、墙板 | 10 mm | | | | | | |
| | 10 | 表面平整度 | 板、墙板、柱、梁 | 5 mm | | | | | | |
| | 11 | 预应力构件预留孔道位置 | 梁、墙板、薄腹梁、桁架 | 3 mm | | | | | | |
| | 12 | 翘曲 | 板 | $L/750$ mm | | | | | | |
| | | | 墙板 | $L/1\,000$ mm | | | | | | |
| 施工单位检查评定结果 | | 专业工长(施工员) | | | | 施工班组长 | | | | |
| | | 项目专业质量检查员:　　　　　　　　　年　　月　　日 | | | | | | | | |
| 监理(建设)单位验收结论 | | 专业监理工程师:<br>(建设单位项目专业技术负责人)　　　年　　月　　日 | | | | | | | | |

（3）预制构件与预制构件、预制构件与主体结构之间的连接应符合设计要求。采用埋件焊接连接时应符合国家现行标准《钢筋焊接及验收规程》（JGJ 18—2012）的要求。

检查数量：全数检查。

检查方法：观察检查、尺量检查、实验检验。

（4）施工现场半灌浆套筒（直螺纹钢筋套筒灌浆接头）应按照《钢筋机械连接技术规程》（JGJ 107—2016）制作钢筋螺纹套筒连接接头做力学性能检验，其质量必须符合有关规程的规定。

检查数量：同种直径每完成 500 个接头时制作一组试件，每组试件 3 个接头。

检查方法：检查接头力学性能试验报告。

（5）钢筋套筒接头灌浆料配合比应符合灌浆工艺及灌浆料使用说明书要求。

检查数量：全数检查。

检查方法：观察检查。

（6）钢筋连接套筒灌浆应饱满，灌浆时灌浆料必须冒出溢流口，采用专用堵头封闭后灌浆料不应有任何外漏。

检查数量：全数检查。

检查方法：观察检查。

（7）施工现场钢筋套筒接头灌浆料应留置同条件养护试块，试块强度应符合《水泥基灌浆材料应用技术规范》（GB/T 50448—2015）的规定。

检查数量：同种直径每班灌浆接头施工时留置一组试件，每组 3 个试块，试块规格为 40 mm×40 mm×160 mm。

检查方法：检查试件强度试验报告。

（8）预制板类构件（含叠合板、整体式楼板构件）安装的允许偏差应符合表 9-3 的规定。

检查数量：每流水段预制板抽样不少于 10，个点，且不少于 10 个构件。

检查方法：用钢尺和拉线等辅助量具实测。

表9-3　预制板类构件安装的允许偏差

| 项目 | 允许偏差/mm | 检验方法 |
|---|---|---|
| 预制构件水平位置偏差 | 3 | 基准线和钢尺检查 |
| 预制构件标高偏差 | ±2 | 水准仪或拉线、钢尺检查 |
| 预制构件垂直度偏差 | 2 | 2 m靠尺或吊锤 |
| 相邻构件高低差 | 1 | 2 m靠尺和塞尺检查 |
| 相邻构件平整度 | 2 | 2 m靠尺和塞尺检查 |
| 板叠合面 | 未损害、无浮尘 | 观察检查 |
| 整体式楼面 | 未损害、无浮尘 | 观察检查 |

（9）预制梁、柱安装的允许偏差应符合表9-4的规定。

检查数量：每流水段预制梁、柱构件抽样不少于10个点，且不少于10个构件。

检查方法：用钢尺和拉线等辅助量具实测。

表9-4　预制梁、柱安装的允许偏差

| 项目 | 允许偏差/mm | 检验方法 |
|---|---|---|
| 预制柱水平位置偏差 | 3 | 基准线和钢尺检查 |
| 预制柱标高偏差 | ±2 | 水准仪或拉线、钢尺检查 |
| 预制柱垂直度偏差 | 2 或 $H/1\,000$ 的较小值 | 2 m靠尺或吊锤 |
| 建筑全高垂直度 | $H/2\,000$ | 经纬仪检测 |
| 预制梁水平位置偏差 | 3 | 基准线和钢尺检查 |
| 预制梁标高偏差 | 2 | 水准仪或拉线、钢尺检查 |
| 梁叠合面 | 未损害、无浮尘 | 观察检查 |

## （二）预制墙板构件安装检验批

预制墙板安装的允许偏差应符合表9-5的规定。

检查数量：每流水段预制墙板抽样不少于10个点，且不少于10个构件。

检查方法：用钢尺和拉线等辅助量具实测。

表9-5　预制墙板安装的允许偏差

| 项目 | 允许偏差/mm | 检验方法 |
|---|---|---|
| 单块墙板水平位置偏差 | 3 | 基准线和钢尺检查 |
| 单块墙板顶标高偏差 | ±2 | 水准仪或拉线、钢尺检查 |

（续表）

| 项目 | 允许偏差/mm | 检验方法 |
|---|---|---|
| 单块墙板垂直度偏差 | 2 | 2 m靠尺 |
| 相瓴高低差 | 1 | 2 m靠尺和塞尺检查 |
| 邻墙板拼缝空腔构造偏差 | 1 | 钢尺检查 |
| 相邻墙板平整度偏差 | 1 | 2 m靠尺和塞尺检查 |
| 建筑物全高垂直度 | $H/2\,000$ | 经纬仪检查 |

预制板类构件（含叠合板、整体式楼板构件）安装检验批质量验收记录表见表9-6。

### 表9-6 预制板类构件安装检验批质量验收记录表

| 单位（子单位）工程名称 | | | | |
|---|---|---|---|---|
| 分部（子分部）工程名称 | | | 验收部位 | |
| 施工单位 | | | 项目经理 | |
| 施工执行标准名称及编号 | | | | |
| 施工质量验收规范的规定 | | | 施工单位检查评定记录 | 监理（建设）单位验收记录 |
| 主控项目 | 1 | 预制构件安装临时固定措施 | 第9.3.9条 | | |
| | 2 | 预制构件螺栓连接 | 第9.3.10条 | | |
| | 3 | 预制构件焊接连接 | 第9.3.11条 | | |
| 一般项目 | 1 | 预制构件水平位置偏差/mm | 2 | | |
| | 2 | 预制构件标高偏差/mm | +2 | | |
| | 3 | 预制构件垂直度偏差/mm | 2 | | |
| | 4 | 相邻构件高低差/mm | 1 | | |
| | 5 | 相邻构件平整度/mm | 2 | | |
| | 6 | 叠合面（整体楼板）/mm | 5 | | |
| 施工单位检查评定结果 | | 专业工长（施工员） | | 施工班组长 | |
| | | 项目专业质量检查员： 年 月 日 | | | |
| 监理（建设）单位验收结论 | | 专业监理工程师： （建设单位项目专业技术负责人） 年 月 日 | | | |

预制梁、柱构件安装检验批质量验收记录表见表9-7。

**表9-7 预制梁、柱构件安装检验批质量验收记录表**

| 单位(子单位)<br>工程名称 | | | 分部(子分部)<br>工程名称 | 主体结构分部—装<br>配式混凝土结构 | | 分项工<br>程名称 | 预制结构<br>构件分项 |
|---|---|---|---|---|---|---|---|
| 施工单位 | | | 项目负责人 | | | 检验批容量 | |
| 分包单位 | | | 分包单位项<br>目负责人 | | | 检验批部位 | |
| 施工依据 | | | 装配整体式混凝土结构工程<br>施工质量验收规范 | 验收依据 | | 装配整体式混凝土结构<br>工程施工质量验收规范 | |
| 施工质量验收规程的规定 | | | | 最小/实际<br>抽样数量 | 施工单位检查记录 | | 检查<br>结果 |
| 主<br>控<br>项<br>目 | 1 | 预制构件安装临时固定措施 | 第7.3.1条 | — | 抽查 处,合格 处 | | √ |
| | 2 | 钢筋套筒连接灌浆材料及<br>连接质量 | 第7.3.2条 | — | 质量证明文件刘全,<br>检验合格,报告编号 | | √ |
| | 3 | 钢筋焊接连接接头质量 | 第7.3.3条 | — | 质量证明文件齐全,<br>检验合格,报告编号 | | √ |
| | 4 | 钢筋机械连接接头质量 | 第7.3.4条 | — | 质量证明文件齐全,<br>检验合格,报告编号 | | √ |
| | 5 | 预制构件焊接、螺栓连接材<br>料性能及施工质量 | 第7.3.5条 | — | 检验合格,报告编号 | | √ |
| | 6 | 预制构件接头和拼缝处混<br>凝土或灌浆料性能 | 第7.3.6条 | — | 质量证明文件齐全,<br>检验合格,报告编号 | | √ |
| | 7 | 施工后外观质量严重缺陷<br>和尺寸偏差 | 第7.3.7条 | — | 抽查 处,合格 处 | | √ |
| 一<br>般<br>项<br>目 | 1 | 施工后外观质量一般缺陷 | 第7.3.8条 | — | 抽查 处,合格 处 | | √ |
| | 2 | 预制柱轴线偏差/mm | 5 | — | 抽查 处,合格 处 | | √ |
| | | 预制柱标高偏差/mm | ±5 | — | 抽查 处,合格 处 | | √ |
| | | 预制柱<br>垂直度 $H \leqslant 6$ m | $H/1\,000$<br>且≤5 | — | 抽查 处,合格 处 | | √ |
| | | 预制柱<br>垂直度 $H > 6$ m | $H/1\,000$<br>且≤10 | — | 抽查 处,合格 处 | | √ |
| | | 预制梁轴线偏差/mm | 5 | — | 抽查 处,合格 处 | | √ |
| | | 预制梁标高偏差/mm | ±5 | — | 抽查 处,合格 处 | | √ |
| | | 预制梁倾斜度/mm | 5 | — | 抽查 处,合格 处 | | √ |
| | | 预制梁的搁置长度/mm | ±10 | — | 抽查 处,合格 处 | | √ |
| | | 预制梁相邻构件平整度/mm | 4 | — | 抽查 处,合格 处 | | √ |
| | | 支座、支垫中心线位置/mm | 10 | — | 抽查 处,合格 处 | | √ |
| | | 梁叠合面 | 未损伤、<br>无浮灰 | — | 抽查 处,合格 处 | | √ |
| 施工单位<br>检查结果 | | 主控项目全部合格,一般项目满<br>足规范规定要求;检查评定合格 | | 专业工长(施工员):<br>项目专业质量检查员:<br> 年 月 日 | | | |
| 监理单位<br>验收结论 | | | | 专业监理工程师:<br> 年 月 日 | | | |

预制墙板构件安装检验批质量验收记录表见表9-8。

**表9-8　预制墙板构件安装检验批质量验收记录表**

| 单位(子单位)工程名称 | | 分部(子分部)工程名称 | 主体结构分部—装配式混凝土结构 | 分项工程名称 | 预制结构构件分项 |
|---|---|---|---|---|---|
| 施工单位 | | 项目负责人 | | 检验批容量 | |
| 分包单位 | | 分包单位项目负责人 | | 检验批部位 | |
| 施工依据 | 装配整体式混凝土结构工程施工质量验收规范 | | 验收依据 | 装配整体式混凝土结构工程施工质量验收规范 | |

| | | 施工质量验收规程的规定 | | 最小/实际抽样数量 | 施工单位检查记录 | 检查结果 |
|---|---|---|---|---|---|---|
| 主控项目 | 1 | 预制构件安装临时固定措施 | 第7.3.1条 | — | 抽查　处,合格　处 | √ |
| | 2 | 钢筋套筒连接灌浆材料及连接质量 | 第7.3.2条 | — | 质量证明文件刘全,检验合格,报告编号 | √ |
| | 3 | 钢筋焊接连接接头质量 | 第7.3.3条 | — | 质量证明文件齐全,检验合格,报告编号 | √ |
| | 4 | 钢筋机械连接接头质量 | 第7.3.4条 | — | 质量证明文件齐全,检验合格,报告编号 | √ |
| | 5 | 预制构件焊接、螺栓连接材料性能及施工质量 | 第7.3.5条 | — | 检验合格,报告编号 | √ |
| | 6 | 预制构件接头和拼缝处混凝土或灌浆料性能 | 第7.3.6条 | — | 质量证明文件齐全,检验合格,报告编号 | √ |
| | 7 | 施工后外观质量严重缺陷和尺寸偏差 | 第7.3.7条 | — | 抽查　处,合格　处 | √ |
| 一般项目 | 1 | 施工后外观质量一般缺陷 | 第7.3.8条 | — | 抽查　处,合格　处 | √ |
| | 2 | 单块墙板粘线偏差/mm | 5 | — | 抽查　处,合格　处 | √ |
| | 3 | 单块墙板顶标高偏差/mm | ±5 | — | 抽查　处,合格　处 | √ |
| | 4 | 单项墙板垂直度偏差/mm | $H/1000$ 且≤5 | — | 抽查　处,合格　处 | √ |
| | 5 | 相邻墙板缝隙宽度/mm | 10 | — | 抽查　处,合格　处 | √ |
| | 6 | 遇长缝直线度/mm | 5 | — | 抽查　处,合格　处 | √ |
| | 7 | 相邻墙板高低差/mm | ±5 | — | 抽查　处,合格　处 | √ |
| | 8 | 相邻墙板拼缝空隙结构偏差/mm | 5 | — | 抽查　处,合格　处 | √ |
| | 9 | 相邻墙板平整度偏差/mm | 4 | — | 抽查　处,合格　处 | √ |
| 施工单位检查结果 | 主控项目全部合格,一般项目满足规范规定要求;检查评定合格 | | 专业工长(施工员):　项目专业质量检查员:　　年　月　日 | | | |
| 监理单位验收结论 | | | 专业监理工程师:　　年　月　日 | | | |

### （三）预制构件节点与接缝防水检验批

外墙板接缝的防水性能应符合设计要求。

检查数量：按批检验。每 1 000 m² 外墙面积应划分为一个检验批，不足 1 000 m² 时也应划分为一个检验批；每个检验批每 100 m² 应至少抽查一处，每处不得少于 10 m²。

检查方法：检查现场淋水试验报告。

预制构件接缝防水节点检验批质量验收记录表见表 9-9。

**表 9-9　预制构件接缝防水节点检验批质量验收记录表**

| 单位（子单位）工程名称 | | | 分部（子分部）工程名称 | 主体结构分部—装配式混凝土结构 | 分项工程名称 | 预制结构构件分项 |
|---|---|---|---|---|---|---|
| 施工单位 | | | 项目负责人 | | 检验批容量 | |
| 分包单位 | | | 分包单位项目负责人 | | 检验批部位 | |
| 施工依据 | | 装配整体式混凝土结构工程施工质量验收规范 | | 验收依据 | 装配整体式混凝土结构工程施工质量验收规范 | |
| 施工质量验收规程的规定 | | | | 最小/实际抽样数量 | 施工单位检查记录 | 检查结果 |
| 主控项目 | 1 | 预制构件接缝处的构造和密封 | | 第7.4.1条 | — | 抽查　处,合格　处 | √ |
| | 2 | 密封胶打注质量要求 | | 第7.4.2条 | — | 抽查　处,合格　处 | √ |
| 一般项目 | 1 | 防水节点基层 | | 第7.4.3条 | — | 抽查　处,合格　处 | √ |
| | 2 | 密封胶胶缝 | | 第7.4.4条 | — | 抽查　处,合格　处 | √ |
| | 3 | 防水胶带粘接面积、搭接长度 | | 第7.4.5条 | — | 抽查　处,合格　处 | √ |
| | 4 | 防水节点空腔排水构造 | | 第7.4.6条 | — | 抽查　处,合格　处 | √ |
| 施工单位检查结果 | | 主控项目全部合格，一般项目满足规范规定要求；检查评定合格 | | 专业工长（施工员）：<br>项目专业质量检查员：<br>　年　月　日 | | |
| 监理单位验收结论 | | | | 专业监理工程师：<br>　年　月　日 | | |

（1）预制墙板拼接水平节点钢制模板与预制构件之间、构件与构件之间应粘贴密封条，节点处模板在混凝土浇筑时不应产生明显变形和漏浆。

检查数量：全数检查。

检查方法：观察检查。

（2）预制构件拼缝处防水材料应符合设计要求，并具有合格证及检测报告。且应与接触面材料进行相容性试验。必要时提供防水密封材料进场复试报告。

检查数量：全数检查。

检查方法：观察检查。

（3）密封胶打注应饱满、密实、连续、均匀、无气泡，宽度和深度符合要求。

检查数量：全数检查。

检查方法：观察检查、钢尺检查。

（4）预制构件拼缝防水节点基层应符合设计要求。

检查数量：全数检查。

检查方法：观察检查。

（5）密封胶缝应横平竖直、深浅一致、宽窄均匀、光滑顺直。

检查数量：全数检查。

检查方法：观察检查。

（6）防水胶带粘贴面积、搭接长度、节点构造应符合设计要求。

检查数量：全数检查。

检查方法：观察检查。

（7）预制构件拼缝防水节点空腔排水构造应符合设计要求。

检查数量：全数检查。

检查方法：观察检查。

## 三、分项工程质量验收记录

具体质量验收项目见表9-10。

表 9-10　预制构件检验批质量验收记录表

020106□□□

| 单位(子单位)工程名称 | | | | | |
|---|---|---|---|---|---|
| 分部(子分部)工程名称 | | | | 验收部位 | |
| 施工单位 | | | | 项目经理 | |
| 施工执行标准名称及编号 | | 《混凝土结构工程施工质量验收规范》(GB 50204—2015) | | | |
| | | 施工质量验收规范的规定 | | 施工单位检查评定记录 | 监理(建设)单位验收记录 |
| 主控项目 | 1 | 预制构件进场检查 | 第9.2.1条 | | |
| | 2 | 预制构件结构性能检验 | 第9.2.2条 | | |
| | 3 | 外观质量 | 第9.2.3条 | | |
| | 4 | 预埋件、预留插筋、预埋管线、预留孔洞等的规格和数量应符合设计要求 | 第9.2.4条 | | |
| 一般项目 | 1 | 预制构件应有标识 | 第9.2.5条 | | |
| | 2 | 预制构件的外观质量不应有一般缺陷 | 第9.2.6条 | | |
| | 3 | 长度/mm　楼板、梁、柱、桁架 | <12 m　±5 | | |
| | | | ≥12 m 且<18 m　±10 | | |
| | | | ≥18 m　±20 | | |
| | | 墙板 | ±4 | | |
| | 4 | 宽度、高(厚)度/mm　楼板、梁、柱、桁架 | ±5 | | |
| | | 墙板 | ±4 | | |

（续表）

| | 项目 | | | | | | | | | | |
|---|---|---|---|---|---|---|---|---|---|---|---|
| 一般项目 | 5 | 表面平整度/mm | 楼板、梁、柱、墙板内表面 | 5 | | | | | | | |
| | | | 墙板 | 3 | | | | | | | |
| | 6 | 侧向弯曲/mm | 楼板、梁、柱 | L/750 且≤20 | | | | | | | |
| | | | 墙板、桁架 | L/1 000 且≤20 | | | | | | | |
| | 7 | 翘曲/mm | 楼板 | L/750 | | | | | | | |
| | | | 墙板 | L/1 000 | | | | | | | |
| | 8 | 对角线/mm | 楼板 | 10 | | | | | | | |
| | | | 墙板 | 5 | | | | | | | |
| | 9 | 预留孔/mm | 中心线位置 | 5 | | | | | | | |
| | | | 孔尺寸 | ±5 | | | | | | | |
| | 10 | 预留洞/mm | 中心线位置 | 10 | | | | | | | |
| | | | 洞口尺寸、深度 | ±10 | | | | | | | |
| | 11 | 预埋件/mm | 预埋板中心线位置 | 5 | | | | | | | |
| | | | 预埋板与混凝土面平面高差 | 0，-5 | | | | | | | |
| | | | 预埋螺栓 | 2 | | | | | | | |
| | | | 预埋螺栓外露长度 | +10，-5 | | | | | | | |
| | | | 预埋套筒、螺母中心线位置 | 2 | | | | | | | |
| | | | 预埋套管、螺母与混凝土面平面高差 | ±5 | | | | | | | |
| | 12 | 预留插筋/mm | 中心线位置 | 5 | | | | | | | |
| | | | 外露长度 | +10，-5 | | | | | | | |
| | 13 | 键槽/mm | 中心线位置 | 5 | | | | | | | |
| | | | 长度、宽度 | ±5 | | | | | | | |
| | | | 深度 | ±10 | | | | | | | |
| | 14 | 预制构件粗糙面质量及键槽数量应符合设计要求 | | 第9.2.8条 | | | | | | | |

| 施工单位检查评定结果 | 专业工长（施工员） | | 施工班组长 | |
|---|---|---|---|---|
| | 项目专业质量检查员： | | 年 月 日 | |
| 监理（建设）单位验收结论 | 专业监理工程师<br>（建设单位项目专业技术负责人）： | | 年 月 日 | |

当各分项所含检验批均验收合格且验收记录完整时,应及时编制分项工程质量验收记录。

## 第三节 主体施工资料

装配整体式混凝土结构施工前,施工单位应根据工程特点和有关规定,编制装配整体式混凝土专项施工方案,并进行施工技术交底。施工现场应具有健全的质量管理体系、相应的施工技术标准、施工质量检验制度和综合施工质量控制考核制度。在施工过程中做好施工日志、施工记录、隐蔽工程验收记录及检验批、分项、分部、单位工程验收记录等资料。

### 一、预制构件进场验收资料

#### (一)预制构件验收资料

(1)预制构件出厂交付使用时,应向使用方提供以下验收材料。

1)预制构件隐蔽工程质量验收表。

2)预制构件出厂质量验收表。

3)钢筋进场复验报告。

4)混凝土留样检验报告。

5)保温材料、拉结件、套筒等主要材料进厂复验报告。

6)产品合格证。

7)产品说明书。

8)其他相关的质量证明文件等资料。

(2)预制构件生产企业应按照有关标准规定或合同要求,对供应的产品签发质量证明书,明确重要技术参数,有特殊要求的产品还应提供安装说明书。预制构件生产企业的产品合格证应包括下列内容。

1）合格证编号、构件编号。

2）产品数量。

3）预制构件型号。

4）质量情况。

5）生产企业名称、生产日期、出厂日期。

6）质检员、质量负责人签名。

对工厂生产的预制构件，进场时应检查其质量证明文件和表面标识。预制构件的质量、标识应符合设计要求及现行国家相关标准规定。

### （二）原材料验收资料

钢筋、水泥、钢筋套筒、灌浆料、防水密封材料等需检查质量证明文件和抽样检验报告。

灌浆套筒进场时，应抽取套筒采用与之匹配的灌浆料制作对中连接接头，并做抗拉强度检验，检验结果应符合《钢筋机械连接技术规程》（JGJ 107—2010）中工级接头对抗拉强度的要求。

灌浆套筒检验批：同一原材料、同一炉（批）号、同一类型、同一规格的灌浆套筒检验批量不应大于 1 000 个，每批随机抽取 3 个灌浆套筒制作接头，并应制作不少于1 组 40 mm×40 mm×160 mm 浆料强度试件。进场时检查灌浆套筒的质量证明文件和抽样检验报告。

## 二、装配整体式混凝土结构工程验收资料

（1）装配整体式混凝土结构工程验收时应提供以下资料。

1）工程设计单位已确认的预制构件深化设计图、设计变更文件。

2）装配整体式结构工程施工所用各种材料及预制构件的各种相关质量证明文件。

3）预制构件安装施工验收记录。

4）钢筋套筒灌浆连接的施工检验记录。

5）连接构造节点的隐蔽工程检查验收文件。

6）后浇筑节点的混凝土或灌浆浆体强度检测报告。

7）密封材料及接缝防水检测报告。

8）分项工程验收记录。

9）装配整体式结构实体检验记录。

10）工程的重大质量问题的处理方案和验收记录。

11）其他质量保证资料。

（2）装配整体式混凝土结构工程应在安装施工过程中完成下列隐蔽项目的现场验收，并形成隐蔽验收记录。

1）混凝土粗糙面的质量，键槽的尺寸、数量、位置。

2）钢筋的牌号、规格、数量、位置、间距，箍筋弯钩的弯折角度及水平段长度；钢筋的连接方式、接头位置、接头数量、接头面积百分率、搭接长度、锚固方式及锚固长度；预埋件、预留插筋、预留管线及预留孔洞的规格、数量、位置；灌浆接头等。

3）预制混凝土构件接缝处防水、防火做法。

（3）当装配整体式混凝土结构工程施工质量不符合要求时，应按下列规定进行处理，并形成资料。

1）经返工、返修或更换构件、部件的检验批，应重新进行检验。

2）经有资质的检测单位检测鉴定达到设计要求的检验批，应予以验收。

3）经有资质的检测单位检测鉴定达不到设计要求，但经原设计单位核算并确认仍可满足结构安全和使用功能的检验批，可予以验收。

4）经返修或加固处理能够满足结构安全使用要求的分项工程，可根据技术处理方案和协商文件进行验收。

## 三、结构实体检验资料

对涉及混凝土结构安全的有代表性的部位应进行结构实体检验，检验应在监理工程师见证下，由施工单位的项目技术负责人组织实施。承担结构实体检验的检测单位应具有相应资质。

结构实体检验的内容包括预制构件结构性能检验和装配整体式结构连接性能

检验两部分。其中，装配整体式结构连接性能检验包括连接节点部位的后浇混凝土强度、钢筋套筒连接或浆锚搭接连接的灌浆料强度、钢筋保护层厚度、结构位置与尺寸偏差以及工程合同规定的项目。必要时可检验其他项目。

后浇混凝土的强度检验，应以在浇筑地点制备并与结构实体同条件养护的试件强度为依据，且应按国家现行有关标准的规定进行。

灌浆料的强度检验，应以在灌注地点制备并标准养护的试件强度为依据。

对钢筋保护层厚度检验，抽样数量、检验方法、允许偏差和合格条件应符合现行国家标准《混凝土结构工程施工质量验收规范》（GB 50204—2015）的规定。

当同条件养护的混凝土试件的强度检验结果符合国家现行标准《混凝土强度检验评定标准》（GB/T 50107—2010）的有关规定时，混凝土强度应判定为合格；当未能取得同条件养护试件强度、同条件养护试件强度被判定为不合格或钢筋保护层厚度不满足要求时，应委托具有相应资质等级的检测机构按国家有关标准的规定进行检测复核。

# 第四节 装饰装修资料

## 一、墙面装修验收资料

### （一）外墙

外墙装修验收时应提供以下资料：外墙装修设计文件、外墙板安装质量检查记录、施工试验记录（包括外墙淋水、喷水试验）、隐蔽工程验收记录及其他外墙装修质量控制文件；预制外墙板及外墙装修材料部品认定证书和产品合格证书、进场验收记录、性能检测报告；保温材料复试报告、面砖及石材拉拔试验等相关文件。

### （二）内墙

内墙装修验收时应提供以下资料：预制内隔墙板及内墙装修材料产品合格证

书、进场验收记录、性能检测报告；内墙装修设计文件、预制内隔墙板安装质量检查记录、施工试验记录、隐蔽工程验收记录及其他内墙装修质量控制文件。

## 二、楼面装修验收资料

楼面装修验收时应提供以下资料：预制构件、楼面装修材料及其他材料质量证明文件和抽样试验报告；楼面装修设计文件、施工试验记录、隐蔽验收记录、地面质量验收记录及其他楼面装修质量控制文件。

## 三、顶棚装修验收资料

顶棚装修验收时应提供以下资料：顶棚装修材料及其他材料的质量证明文件和抽样试验报告；顶棚装修设计文件，顶棚隐蔽验收记录，顶棚装修施工记录及其他顶棚装修质量控制文件。

## 四、门窗装修验收资料

门窗装修验收时应提供以下资料：门窗框、门窗扇、五金件及密封材料的质量证明文件和抽样试验报告；门窗安装隐蔽验收记录、门窗试验记录、施工记录及其他门窗安装质量控制文件。

# 第五节　安装工程资料

## 一、给水排水及采暖施工验收资料

在装配整体式结构中给水排水及采暖工程的安装形式有明装和暗装（在预制构件上留槽），根据国家现行标准《装配式混凝土结构技术规程》（JGJ 1—2014）中的要求，管道宜明装设置。根据安装形式的不同，所需要的验收资料也有所不同。明装管道按照国家现行标准《建筑给水排水及采暖工程施工质量验收规范》(GB 50242—2002)执行,管道暗装施工的技术资料要增加一些内容。

### (一)预制构件厂家应提供的资料

预埋管道的构件在构件进场验收时,构件厂家应提交管材、管件的合格证、出厂(形式)检验报告、复试报告等质量合格证明材料。管道布置图纸、隐蔽验收记录、管道的水压试验记录等质量控制资料。

暗装管道的留槽布置图,留槽位置、宽度、深度应有记录,并移交施工单位。

### (二)进场验收实体检查项目

检查数量应符合《装配整体式混凝土结构工程施工与质量验收规程》的要求,检查项目包括管材、管件的规格型号、位置、坐标和观感质量等,留槽位置、宽度、深度和长度等,预留孔洞的坐标、数量和尺寸,预埋套管、预埋件的规格、型号、尺寸和位置。

所有检查项目要符合设计要求,进场时应提交相关记录,做好进场验收记录,双方签字,并经过监理工程师(建设单位代表)验收。

### (三)现场施工资料要求

除按《装配整体式混凝土结构工程施工与质量验收规程》的规定外,还应有现场安装管道与预埋管道连接的隐蔽验收记录,内容应包括管材、管件的材质、规格、型号、接口形式、坐标位置、防腐、穿越等情况,管线穿过楼板部位的防水、防火、隔声等措施。

隐蔽验收工程应按系统或工序进行。现场施工部分检验批要与预制构件部分检验批分开,以利于资料的整理和资料的系统性。

### (四)给水排水及采暖技术资料

(1)材料质量合格证明文件。

包括管材、管件等原材料以及焊接、防腐、粘接、隔热等辅材的合格证、出厂或型式检验报告、复试报告等。

(2)施工图资料。

包括深化设计图纸、设计变更,管道、留槽、预埋件、预留洞口的布置图等。

（3）施工组织设计或施工方案。

（4）技术交底。

（5）施工日志。

（6）预检记录。

包括管道及设备位置预检记录，预留孔洞、预埋套管、预埋件的预检记录等。

（7）隐蔽工程检查验收记录。

包括预制构件内管道、现场安装与预制构件内管道接口、现场安装暗装管道、预埋件、预留套管等下一道工序隐蔽上一道工序的均应做隐蔽工程检查验收记录，隐蔽工程验收应按系统、工序进行。

（8）施工试验记录。

包括室内给水排水管道水压试验（预制构件内管道由生产构件厂家试验并有记录，现场安装由施工单位试验，系统水压试验由施工单位试验），阀门、散热器、太阳能集热器、辐射板试验，室内热水及采暖管道系统试验，给水排水管道系统冲洗、室内供暖管道的冲洗、灌水试验，通球试验、通水试验、卫生器具盛水试验等。

（9）施工记录。

包括管道的安装记录，管道支架制作安装记录，设备、配件、器具安装记录，防腐、保温等施工记录。

（10）班组自检、互检、交接检记录。

（11）工程质量验收记录。

包括检验批、分项、分部、单位工程质量验收记录。

# 二、建筑电气施工验收资料

建筑电气分部工程施工主要针对建筑结构阶段的电气施工进行介绍。

## （一）预制构件厂家应提供的资料

预埋于构件中的电气配管，进场验收时构件厂家应提交管材、箱盒及附件的合格证、检验报告等质量合格证明材料，以及线路布置图、隐蔽验收记录等质量控制资料。

## （二）进场验收实体检查项目

检查数量应符合包括《装配整体式混凝土结构工程施工与质量验收规程》的要求，检查项目包括管材、箱盒及附件的规格型号、位置、坐标、线管的出构件长度、线盒的出墙高度、线管导通和观感质量等，确定预留箱盒、洞口的坐标、尺寸和位置，对图纸进行深化设计，所有项目要符合设计要求，进场时应提交相关记录，做好进场验收记录，双方签字，并通过监理（建设）单位验收。

## （三）现场施工资料要求

除按《装配整体式混凝土结构工程施工与质量验收规程》的规定外，构件内的线管甩头位置应准确，甩头长度应能满足施工要求，便于后安装线管与其连接，线管的接头应做隐蔽验收记录。竖向电气管线需统一设置在预制墙板内，避免后剔槽；墙板内竖向电气管线布置应保持安全间距。应对图纸进行深化设计，PK板上合理布置线管以减少管线交叉和过度集中，避免管线交叉部位与桁架钢筋重叠问题，解决后浇叠合层（装配整体式层）混凝土局部厚度和平整度超标的问题。施工时不要在PK板上随意开槽、凿洞，以免影响结构的受力。

建筑物防雷工程施工按现行国家标准《建筑物防雷工程施工与质量验收规范》（GB 50601—2010）和《建筑电气工程施工质量验收规范》（GB 50303—2015）执行。

现场施工部分检验批要与预制构件部分检验批分开，以利于资料的整理和资料的系统性。

## （四）建筑电气技术资料

（1）材料质量合格证明文件。

对于在建筑电气施工中所使用的产品国家实行强制性产品认证，其电气设备上统一使用CCC认证标志，并具有合格证件。质量合格证明材料包括管材、箱盒及附件的合格证、CCC认证、出厂检验报告或型式检验报告等质量合格证明材料。

（2）施工图资料。

包括深化设计图纸、设计变更，线管、箱盒、预留孔洞、预埋件布置图等。

（3）施工组织设计或施工方案。

（4）技术交底。

（5）施工日志。

（6）预检记录。

包括电气配管安装预检记录，开关、插座、灯具的位置、标高预检记录，预留孔洞、预埋件的预检记录等。

（7）隐蔽工程检查验收记录。

预制构件内配管、现场施工与预制构件内配管接口、现场施工暗配管、防雷接地、引下线等均应做隐蔽工程检查验收记录。

（8）施工试验记录。

包括绝缘电阻测试记录，接地电阻测试记录，电气照明、动力试运行试验记录，电气照明器具通电安全检查记录。

（9）施工记录。

主要包括电气配管施工记录，穿线安装检查记录，电缆终端头、中间接头安装记录，照明灯具安装记录，接地装置安装记录，防雷装置安装记录，避雷带、均压环安装记录。

（10）班组自检、互检、交接检记录。

（11）工程质量验收记录。

包括检验批、分项、分部、单位工程质量验收记录。

# 第六节　围护结构节能验收资料

在建筑节能方面，装配式结构的外墙板保温、外墙接缝、梁柱接头、外门窗固定和接缝部位处理与现浇结构施工不同；在资料管理方面也要根据施工内容、施工方法和施工过程的不同编制相应的技术资料。根据《建筑节能工程施工质量验收规范》（GB 50411—2019）的规定，建筑节能资料应单独立卷，满足建筑节能验收资料的要求。

## 一、外墙板保温层验收资料

装配式结构外墙板的保温层与结构一般同时施工，无法分别验收；可与主体结构一同验收,但验收资料应按结构和节能分开。验收时结构部分应符合相应的结构规范,而节能工程应符合《建筑节能工程施工质量验收规范》(GB 50411—2019)的要求,并单独留存节能资料,存放到节能分部中。

### (一)预制构件厂家应提供的资料

进场验收主要是对其品种、规格、外观和尺寸等可视质量及技术资料进行检查验收,其内在质量则需由各种技术资料加以证明。

进场验收的一项重要内容是对各种材料的技术资料进行检查。这些技术资料主要包括质量合格证明文件、中文说明书及相关性能检测报告。进口材料和设备应按规定进行出入境商品检验。

墙体节能工程使用的保温材料,其导热系数、密度、抗压强度或压缩强度、燃烧性能应符合设计要求。

夹心外墙板中的保温材料,其导热系数不宜大于 0.040 W/(m·K),体积比吸水率不宜大于 0.3%,燃烧性能不应低于国家标准《建筑材料及制品燃烧性能分级》(GB 8624—2012)中 $B_2$ 级的要求。

夹心外墙板中内外叶墙板的金属及非金属材料拉结件均应具有规定的承载力、变形和耐久性能,并应经过试验验证;拉结件应满足夹心外墙板的节能设计要求。

对夹心外墙板,应绘制内外叶墙板的拉结件布置图及保温板排板图,并有隐蔽验收记录。预制保温墙板产品及其安装性能应有型式检验报告。保温墙板的结构性能、热工性能及与主体结构的连接方法应符合设计要求。

### (二)进场验收实体检查项目

检查数量应符合《装配整体式混凝土结构工程施工与质量验收规程》和《建筑节能工程施工质量验收标准》(GB 50411—2019)的要求。检查项目有夹心外墙板的保温层位置、厚度,拉结件的类别、规格、数量、位置等,预制保温墙板与主体结构的连接形式、数量、位置等。

进场验收必须经监理工程师(建设单位代表)核准,并形成相应的质量记录。

### (三)现场施工资料要求

墙体节能工程各层构造做法均为隐蔽工程,因此对于隐蔽工程验收应随做随验,并做好记录。检查的内容主要是检查墙体节能工程各层构造做法是否符合设计要求,以及施工工艺是否符合施工方案要求。后浇筑部位的保温层厚度,拉结件的位置、数量等都应符合设计要求。应随施工进度及时进行隐蔽验收,即每处(段)隐蔽工程都要在对其隐蔽前进行验收,不应后补。根据《建筑节能工程施工质量验收标准》(GB 50411—2019)的要求,按不同的施工方法、工序合理划分检验批,宜按分项工程进行验收,并留存节能验收资料。

## 二、外墙局部保温处理资料

外墙局部保温所涉及的内容主要有外墙板的接缝、接头、洞口、造型等部位的节能保温措施,这些施工内容多为现场施工,主要是现场的一些技术资料,但个别预制构件附带的材料和包含的技术措施需要预制构件厂家提供技术资料。外墙局部保温的检查验收应随同外墙节能一块检查验收。

(1)外墙热桥部位,应按设计要求采取节能保温等隔断热桥措施。

(2)外墙板接缝处的密封材料应符合下列规定。

1)密封胶应与混凝土具有相容性,并具有规定的抗剪切和伸缩变形能力;密封胶还应具有防霉、防水、防火、耐候等性能。

2)硅酮、聚氨酯、聚硫等建筑密封胶应分别符合国家现行标准《硅酮建筑密封胶》(GB/T 14683—2003)、《聚氨酯建筑密封胶》(JC/T 482—2003)、《聚硫建筑密封胶》(JC/T 483—2006)的规定。

3)夹心外墙板接缝处填充用保温材料的燃烧性能应满足国家标准《建筑材料及制品燃烧性能分级》(GB 8624—2012)中 A 级的要求。

(3)采用预制保温墙板现场安装组成保温墙体,在组装过程中容易出现连接、渗漏等问题,所以预制保温墙板应有型式检验报告,包括保温墙板的结构性能、热工性能等均应合格,墙板与主体结构的连接方法应符合设计要求,墙板的板缝、构造节点及嵌缝做法应与设计一致。

(4)外墙附墙或挑出部件如梁、过梁、柱、附墙柱、女儿墙、外墙装饰线、墙体内箱盒、管线等均是容易产生热桥的部位,对于墙体总体保温效果有一定影响。应按设计要求采取隔断热桥或节能保温措施。

(5)外墙和毗邻不采暖空间墙体上的门窗洞口四周墙面,凸窗四周墙面或地面,这些部位容易出现热桥或保温层缺陷。应按设计要求采取隔断热桥或节能保温措施。当设计未对上述部位提出要求时,施工单位应与设计、建设或监理单位联系,确认是否应采取处理措施。

## 三、外门窗节能验收资料

建筑外窗的气密性、保温性能、中空玻璃露点应符合设计要求,并有试验报告。

金属外门窗隔断热桥措施应符合设计要求和产品标准的规定,金属副框的隔断热桥措施应与门窗框的隔断热桥措施相当,并做好相应的施工记录。

外门窗应采用标准化部件,并宜采用预留副框或预埋件等与墙体可靠连接。外门窗框或副框与洞口之间的间隙应采用弹性闭孔材料填充饱满,并使用密封胶密封;外门窗框与副框之间的缝隙应使用密封胶密封,并及时进行隐蔽验收。

## 四、围护结构节能技术资料

(1)材料质量合格证明文件。

包括材料和设备的合格证、中文说明书、性能检测报告,定型产品和成套技术应有型式检验报告,进口材料和设备的商检报告,材料和设备的复试报告。

(2)施工图资料。

包括深化设计图纸、设计变更、保温板排布图、拉结件布置图、热桥部位节点措施详图。

(3)施工组织设计或施工方案。

每个工程的施工组织设计中都应列明本工程节能施工的有关内容以便规划、组织和指导施工。编制专门的建筑节能工程施工技术方案,经监理单位审批后实施。

(4)技术交底。

建筑装配化施工和节能工程施工,作业人员的操作技能对节能工程施工效果影响很大,施工前必须对相关人员进行技术培训和交底,以及实际操作培训,技术交底和培训均应留有记录。

(5)施工日志。

(6)预检记录。

包括预制构件保温材料厚度、位置、尺寸预检记录,热桥部位处理措施预检记录,外门窗安装预检记录。

(7)隐蔽工程检查验收记录。

包括夹心板保温层、拉结件、加强网、墙体热桥部位构造措施,预制保温板的接缝和构造、嵌缝做法,门窗洞口四周节能保温措施,门窗的固定。

(8)施工试验记录。

墙体节能工程使用的保温隔热材料,其导热系数、密度、抗压强度或压缩强度、燃烧性能,拉结件的锚固力试验,保温浆料的同条件养护试件试验,预制保温墙板的型式检验报告中应包含安装性能的检验,墙板接缝淋水试验,建筑外窗的气密性、保温性能、中空玻璃露点、现场气密性试验,外墙保温板拉结件的相关试验。

(9)施工记录。

预制构件拼装施工记录、后浇筑部分施工记录、构件接缝施工记录、外门窗施工记录、热桥部位施工记录。

(10)班组自检记录。

(11)工程质量验收记录。

节能项目应单独填写检查验收表格,做出节能项目检查验收记录,并单独组卷。质量验收记录包括分项、分部工程质量验收记录,当分项工程较大时可以分成检验批验收。

# 第七节 工 程 验 收

## 一、过程验收(验收划分)

1.地基与基础工程验收包括的内容

无支护土方、有支护土方、地基及基础处理、桩基、地下防水、混凝土基础、砌体基础、劲钢(管)混凝土、钢结构等。

2.地基与基础工程验收所需条件

工程实体按要求完工;工程技术资料齐全;各种问题已经整改完成;相关人员与机构均签字认可。

施工单位报告应当由项目经理和施工单位负责人审核、签字、盖章。

监理单位报告应当由总监和监理单位有关负责人审核、签字、盖章。

3.地基与基础工程验收组织及验收人员

由建设单位负责组织实施建设工程主体验收工作,区建设工程质量监督站对建设工程主体验收实施监督,该工程的施工、监理、设计、勘察等单位参加。

验收人员:由建设单位负责组织主体验收组。验收组组长由建设单位法人代表或其委托的负责人担任。验收组副组长应至少由一名工程技术人员担任。验收组成员由建设单位负责人、项目现场管理人员及勘察、设计、施工、监理单位项目技术负责人或质量负责人组成。

4.地基与基础工程验收的程序

建设工程地基与基础工程验收按施工企业自评、设计认可、监理核定、业主验收、政府监督的程序进行。

总监理工程师(建设单位项目负责人)组织对地基与基础分部工程验收时,必须有以下人员参加:总监理工程师、建设单位项目负责人、设计单位项目负责人、勘察单位项目负责人、施工单位技术质量负责人及项目经理等。

5.地基与基础工程验收的结论

参建责任方签署的地基与基础工程质量验收记录,应在签字盖章后3个工作日内由项目监理人员报送质监站存档。

当在验收过程中参与工程结构验收的建设、施工、监理、设计、勘察单位各方不能形成一致意见时,应当协商提出解决的方法,待意见一致后,重新组织工程验收。

地基与基础工程未经验收或验收不合格,责任方擅自进行上部施工的,应签发局部停工通知书责令整改,并按有关规定处理。

6.主体结构验收组织及验收人员

(1)由建设单位负责组织实施建设工程主体验收工作,建设工程质量监督部门对建设工程主体验收实施监督,该工程的施工、监理、设计等单位参加。

（2）验收人员：由建设单位负责组织主体验收组。验收组组长由建设单位法人代表或其委托的负责人担任。验收组副组长应至少由一名工程技术人员担任。验收组成员由建设单位负责人、项目现场管理人员及设计、施工、监理单位项目技术负责人或质量负责人组成。

7. 主体工程验收的程序

建设工程主体验收按施工企业自评、勘察与设计认可、监理核定、业主验收、政府监督的程序进行。

（1）施工单位完成主体结构工程施工后，向建设单位提交建设工程质量施工单位（主体）报告，申请主体工程验收。

（2）监理单位核查施工单位提交的建设工程质量施工单位（主体）报告，对工程质量情况做出评价，填写建设工程主体验收监理评估报告。

（3）建设单位审查施工单位提交的建设工程质量施工单位（主体）报告，对符合验收要求的工程，组织设计、施工、监理等单位的相关人员组成验收组进行验收。

（4）建设单位在主体工程验收3个工作日前将验收的时间、地点及验收组名单报至质监站。

（5）建设单位组织验收组成员在质监站监督下在规定的时间内完成工程全面验收。

# 二、竣工验收

## （一）工程竣工验收准备工作

（1）工程竣工预验收（由监理公司组织，建设单位、承包商参加）：工程竣工后，监理工程师按照承包商自检验收合格后提交的《单位工程竣工预验收申请表》，审查资料并进行现场检查；项目监理部就存在的问题提出书面意见，并签发《监理工程师通知书》（注：需要时填写），要求承包商限期整改；承包商整改完毕后，按有关文件要求，编制《建设工程竣工验收报告》交监理工程师检查，由项目监理机构将竣工预验收的情况书面报告建设单位，由建设单位组织竣工验收。

（2）工程竣工验收（由建设单位负责组织实施，工程勘察、设计、施工、监理等单位参加）。

1）承包商：编制《建设工程竣工验收报告》、工程技术资料（验收前 20 个工作日）。

2）监理公司：编制《工程质量评估报告》。

3）勘察单位：编制质量检查报告。

4）设计单位：编制质量检查报告。

5）建设单位：

①取得规划、公安消防、环保、燃气工程等专项验收合格文件。

②主管部门出具的电梯验收准用证。

③提前 15 日把《工程技术资料》和《工程竣工质量安全管理资料送审单》交监督站（监督站返回《工程竣工质量安全管理资料退回单》给建设单位）。

④工程竣工验收前 7 天把验收时间、地点、验收组名单以书面形式通知监督站。

## （二）工程竣工验收必备条件

（1）完成工程设计和合同约定的各项内容。

（2）《建设工程竣工验收报告》。

（3）《工程质量评估报告》。

（4）勘察单位和设计单位的质量检查报告。

（5）有完整的技术档案和施工管理资料。

（6）有工程使用的主要建筑材料、建筑构配件和设备的进场试验报告。

（7）建设单位已按合同约定支付工程款。

（8）有施工单位签署的工程质量保修书。

（9）有市政基础设施的相关质量检测和功能性试验资料。

（10）有规划部门出具的规划验收合格证。

（11）有公安消防部门出具的消防验收意见书。

（12）有环保部门出具的环保验收合格证。

（13）有电梯验收准用证。

（14）有燃气工程验收证明。

（15）建设行政主管部门及其委托的监督站等部门责令整改的问题已全部整改完成。

（16）已按政府有关规定缴交工程质量安全监督费。

（17）单位工程施工安全评价书。

## （三）工程竣工验收程序

验收会议上，工程施工、监理、设计、勘察等各方的工程档案资料摆好备查，并设置验收人员登记表，做好登记手续。

（1）由建设单位组织工程竣工验收并主持验收会议（建设单位应做会前简短发言、工程竣工验收程序介绍及会议结束总结发言）。

（2）工程勘察、设计、施工、监理单位分别汇报工程合同履约情况和在工程建设各环节执行法律、法规和工程建设强制性标准情况。

（3）验收组审阅建设、勘察、设计、施工、监理单位的工程档案资料。

（4）验收组和专业组（由建设单位组织勘察、设计、施工、监理单位、监督站和其他有关专家组成）人员实地查验工程质量。

（5）专业组、验收组发表意见，分别对工程勘察、设计、施工质量和各管理环节等方面做出全面评价；验收组形成工程竣工验收意见，填写《建设工程竣工验收报告》并签名、盖公章。

注：参与工程竣工验收的各方不能形成一致意见时，应当协商提出解决的方法，待意见一致后，重新组织工程竣工验收。

## （四）工程竣工验收监督

（1）监督站在审查工程技术资料后，对该工程进行评价，并出具《建设工程施工安全评价书》（建设单位提前15日把《工程技术资料》送监督站审查，监督站返回《工程竣工质量安全管理资料退回单》给建设单位）。

（2）监督站在收到工程竣工验收的书面通知后（建设单位在工程竣工验收前7天把验收时间、地点、验收组名单以书面形式通知监督站，另附《工程质量验收计划书》），对照行验收标准等情况进行现场监督，并出具《建设工程质量验收意见书》。